网络文本分类与应用

陈 念 杨永超 著

中国水利水电出版社
www.waterpub.com.cn
·北京·

内 容 提 要

　　本书是作者在多年科学研究的基础上整理完善而成的，是自然语言处理技术在文本分类领域应用的综述和总结。本书专业性较强，注重对技术理论依据和解决思路的精细讲解，读者可通过对本书的学习了解和掌握人工智能相关技术在网络文本处理时的实现方法和操作流程。

　　本书的内容包括：文本预处理、特征表示与降维、文本分类算法、多标签文本分类技术、短文本分类与应用等。每个章节对关键的知识点进行细致讲解，并通过举例叙述的方式强化相关理论的直观印象，将理论阐述和实例演示紧密联系起来，方便初学者对深奥枯涩理论知识的理解和掌握。本书对提高学生理论联系实际的能力具有较大帮助。

　　本书可作为本科院校智能科学与技术、计算机科学与技术等专业的教材，也可供从事自然语言处理研究的人员参考。

图书在版编目（ＣＩＰ）数据

网络文本分类与应用 / 陈念，杨永超著. -- 北京：
中国水利水电出版社，2020.9（2021.7重印）
　ISBN 978-7-5170-8695-6

　Ⅰ．①网… Ⅱ．①陈… ②杨… Ⅲ．①数据处理－高
等学校－教材 Ⅳ．①TP274

中国版本图书馆CIP数据核字(2020)第127329号

策划编辑：崔新勃　　　责任编辑：陈红华　　　封面设计：梁　燕

书　　名	网络文本分类与应用 WANGLUO WENBEN FENLEI YU YINGYONG
作　　者	陈　念　杨永超　著
出版发行	中国水利水电出版社 （北京市海淀区玉渊潭南路 1 号 D 座　100038） 网址：www.waterpub.com.cn E-mail: mchannel@263.net（万水） 　　　　sales@waterpub.com.cn 电话：（010）68367658（营销中心）、82562819（万水）
经　　售	全国各地新华书店和相关出版物销售网点
排　　版	北京万水电子信息有限公司
印　　刷	三河市华晨印务有限公司
规　　格	170mm×240mm　　16 开本　　12.75 印张　　200 千字
版　　次	2020 年 9 月第 1 版　　2021 年 7 月第 2 次印刷
定　　价	79.00 元

前　　言

　　文本分类是机器自然语言处理的一个重要研究方向，具有广阔的应用前景和极高的科学研究价值。本书理论性强，读者需要有扎实的数学和统计学基础，部分内容对于初学者来说比较难理解。本书以文本分类的处理流程为主线组织叙述框架：对文本预处理、特征选择与降维、常用分类算法、多标签文本分类技术、短文本分类技术等进行了详细的讲解，围绕文本分类处理中涉及相关技术的理论依据、实现思路、优劣势等展开阐述，并将一些重要的知识点通过举例的方式进行直观讲解，以加深读者的理解。

　　文本信息机器分类涵盖的内容较为宽泛，叙述时不可能面面俱到。本书以网络文本为处理对象，针对其特有的大规模、强噪声、特征表示稀疏、上下文关联性强等特点，综合介绍了科研工作者针对此类问题的解决思路和有效做法，并以微博信息为例，细致介绍了主题模型在网络短文本处理中的应用。

　　本书共 6 章，内容包括：绪论、文本预处理、特征表示与降维、文本分类算法、多标签文本分类技术、短文本分类及应用。

　　本书由陈念、杨永超著。各章节的分工如下：第 1、2、6 章由陈念撰写，第 3、4、5 章由杨永超撰写，最后由陈念负责统稿。本书共计 20 万字，其中陈念撰写 12 万字，杨永超撰写 8 万字。

　　对于本书的错误和不当之处，希望读者批评指正。

作　者

2020 年 4 月

目　录

第1章 绪论

1.1 智能语言处理

1.1.1 自然语言处理与文本处理

自然语言处理（Natural Language Processing，NLP）是指让机器能够理解和运用人类的语言，实现人机交互的目的，它是人工智能科学研究的重点领域，也是最具挑战性、技术实现最为困难的领域。以"微软小冰"为代表的智能语音机器人，在全球已拥有 6.6 亿用户，1.2 亿月活跃用户，占据了全球对话式人工智能总流量中的绝大部分，可以不间断地聊天 29 个小时。自 2014 年立项研发以来，小冰从最早在微博、微信上与人一问一答，到可以看懂图片、回复语音、看懂视频、创作诗歌和歌曲，再到听懂人的语意、直接聊天，甚至可以主持一档电台节目。

日常生活中，人们思想/意识的表达绝大多数是借助语言工具，在表达上，语音和文字是最寻常的两种形式。与人一样，机器在经过大量的语音样本学习后，具备了相应的智能，可以实现语音识别、语音合成等功能。近些年来，与此相关的一些应用已经进入我们的工作生活中，语音识别和语音合成使得机器既可以听懂人的语言，又能像人一样进行表达。例如，手机、汽车导航仪、机器接线员、机器导购/导诊等设备或场合都引入了语音接口，不再需要按键，而是通过生活中的语音就能够轻松地让机器明白人的意图，在计算或查找到答案之后，机器再通过语音合成将结果播报出来。这种人机交互接口形式更方便、更自然、惠及面更广，目前，我国以科大讯飞为代表的智能语音处理技术在世界上已处于领先水平。

　　文本作为语言的载体，机器对自然语言的处理很多时候通过对文本的处理来实现；同样地，用大量文本语料训练之后，机器也会获得文本处理的经验，具备类似于人脑的智慧，它可以对文本中的命名实体进行识别，能够筛查同主题的文档，以及从非结构化文本中提取实体关系等。文本分类问题是 NLP 领域中典型的应用问题，从 20 世纪 50 年代开始，自然语言研究的学术界就开始了对此类问题的研究，从最初的通过专家规则（Pattern）进行分类，一度发展到利用知识工程建立专家系统，相对于人工而言，处理速度自然是大幅提升，但能处理的文本数量仍很有限，且精度不高。随着统计学习方法的发展，特别是互联网在线文本数量的增长和机器学习学科的兴起，解决大规模文本分类问题的处理方法逐渐形成，即特征工程+分类器。特征工程即是将文本形式的信息通过一系列的流程处理，数值化成分类器可直接使用的数据。从图 1.1 中看出，文本预处理、特征提取、文本表示共同构成文本特征工程。

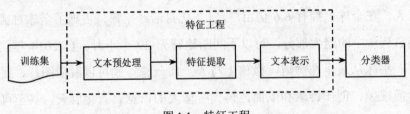

图 1.1　特征工程

　　要让机器掌握对语音及文本等信息形式的处理能力，能够像人脑那样进行分析、判断，则必须要对它进行训练，或者通过算法让它掌握主动学习的规律。人脑智力的形成是通过大量的数据资料、过程实践等外部信息输入，以及大脑对它们的梳理、分析、归纳、总结完成的。同样，机器智能的产生不可能仅仅通过编程告诉它一些处理问题的规则，而是需要大量的、全面的样本资源，让它从中发觉信息之间存在的联系和区别，因此，机器学习是自然语言处理中重要的环节，学习效果的优劣取决于能提供的样本数量、全面性、代表性，以及学习采用的方法等。图 1.2 是以机器学习为基础构建的知识工程，展示了机器学习、自然语言处理对构建机器智能的作用。

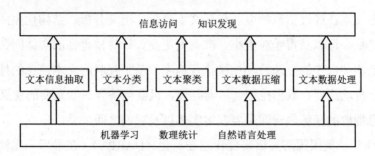

图 1.2 以机器学习为基础构建的知识工程

1.1.2 信息抽取

1. 信息抽取的对象

信息抽取（Information Extraction，IE）指的是从一段文本中提取特定的信息，这些信息可以是半结构化或非结构化的数据，加工形成结构化的数据供用户使用，它是将无结构的文本转换成结构化数据的重要手段[1]。例如，句子 "Ma Yun is the founder of Alibaba Inc." 中包含一个实体对(Ma Yun,Alibaba Inc.)，这个实体对之间的关系为 "founder"，这种关系是明确的，不需要推导就可以直接获得。对照图 1.3，关系抽取系统若将该短文本归于 ORG AFFILIATION 大类中的 Founder 子类中，则为正确的判断。

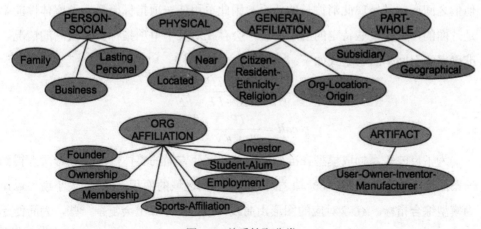

图 1.3 关系抽取分类

初始文本在经过信息抽取（包括文本分析、语义分析、结构化生成等）一系列环节之后，可以获得颗粒更小、准确度更高、针对性更强的实体间关系，从而大幅降低相关操作的复杂性，加快执行速度。基于互联网文本信息的抽取对于搜索引擎、自动摘要、数据挖掘、机器翻译、机器问答等有着重要的意义。

信息抽取的任务之一即是要获得实体以及它们之间关系。

1998 年，美国国防高级研究计划委员会（DARPA）（在最后一届消息理解会议（MUC）中，引入了实体关系抽取任务。1999 年，美国国家标准技术研究院（NIST）组织的 ACE 会议，设定的语料中包含了人物、组织、设施、处所、地理政治实体、车辆、武器等 7 大类命名实体，每大类又由多个小类组成，实体间定义有雇佣关系、地理位置关系、人-社会组织关系，局部-整体关系等 17 种。

SemEval（Semantic Evaluation）是一项学术研究机构参与度非常高的信息抽取评测会议，例如，SemEval-2010 评测引发了普通名词或名词短语间实体关系抽取研究的新高潮，使实体间的关系描述更为丰富，如 Component-Whole、Instrument-Agency、Member-Collection、Cause-Effect、Entity-Destination、Content-Container、Message-Topic、Product-Producer 和 Entity-Origin 等。

衡量实体关系抽取模型性能的指标主要有：准确率（查准率）、召回率（查全率）及综合评价指标 F-measure 等。TP、TN 为真正类和真负类的数量，FP、FN 为假正类和假负类的数量。由于准确率和召回率两者要求捕获的指标对象不同，他们之间通常是呈现此消彼长的关系，因此单用任一项指标衡量模型整体性能都是片面的，但在某些特定的应用场合，会存在对某个单项指标要求较高的情况。准确率和召回率的表达式如下：

$$acc = \frac{TP + TN}{TP + TN + FP + FN}$$

$$recall = \frac{TP}{TP + FN} = \frac{TP}{P}$$

为了反映关系抽取模型在准确率和召回率两方面的整体性能，综合两者得到一条曲线 ROC，ROC 与坐标轴之间围成的封闭区域的面积 AUC 的大小就可以作为模型综合指标。AUC 对应的图形由曲线构成，在计算上会复杂一些，为简便起见，引入综合评价指标 F-measure（用符号 F 表示），由准确率 acc 和召回率 recall

加权运算获得：

$$F = \frac{(\alpha^2 + 1)acc \times recall}{\alpha^2(acc + recall)}$$

参数 $\alpha = 1$ 时，F-measure 即转换为 F_1-measure，用符号 F_1 表示，即：

$$F_1 = \frac{2 \times acc \times recall}{acc + recall}$$

F 或 F_1 取值越高，说明模型在兼顾准确率和召回率方面做得越好，性能越强。

2. 信息抽取的方法

信息抽取主要有基于知识工程、基于机器学习和基于 NLP 等几种方法。

（1）基于知识工程的方法。顾名思义，要由文本处理经验丰富的专家编制词条、词典，形成语言知识库，并在其上制定相应的信息抽取规则。这种方法依赖于人的经验知识，而专家的知识面不可能涉及所有的领域，必然存在局限性，因此基于知识工程的信息抽取也只能是针对特定应用领域，其通用性、可移植性都较差，且这种方法耗时费力，易产生疏漏，目前已经不再采用。

（2）基于机器学习的方法。基于机器学习的方法通过大量的示例文本训练获得信息抽取的模式，该方法实施的前提是要有足够多的标记语料，用于训练出高性能的模板或规则，再采用模板匹配的方法提取实体间的关系，能够获得的效果称为泛化性能，它与训练语料的数量、多样性、代表性，以及正反类样本规模都有着直接关系。但在绝大多数应用场景中，由于人工标记的成本高，而不能向机器学习提供大规模的训练语料，只有少量已标记的样本，而存在大量不能对机器进行指导的非标记样本，这种情形称为弱监督机器学习。

在弱监督机器学习的场景下，可以通过主动学习，或半监督学习方法来扩容训练样本集，达到提升分类器学习效果的目的。

主动学习方法在由少量样本训练生成的分类器基础上，采用熵度量、委员会投票等策略在海量未标记样本中选择类别属性最不确定的个体，提交人工标记，将标记后样本加入训练样本集，能够快速提高分类器的泛化精度。主动学习方法是一种高效的训练样本集扩充方法，在该方法中每一轮采样获取的待标记样本都是当前分类器类别划分最困难的对象，在汲取该对象提供的经验后，分类器分类能力提升最为显著。但该方法仍然需要人工的参与，不能做到机器学习的全智能化。

半监督学习方法可以实现训练样本集规模的自动增长，不需要依靠人工标记的方式来获取经验样本[2]。分类器根据自身的识别能力，在未标记样本集中选择最有可能划分正确的样本，自动进行标记，并把它加入训练样本集来训练分类器，修正模型参数，重复该迭代过程，直到识别精度满足设定值为止。这种方法相对于上面提到的主动学习方法，虽然消除了人工对机器学习过程的干预，实现了自动学习的目标，但每轮标记样本的加入，对分类器进化的贡献有限，这会直接导致学习进程缓慢，以及过多冗余样本采集造成的存储压力增加等问题。

（3）基于 NLP 的方法。使用基于 NLP 的方法进行信息抽取，首先要求机器要具备人脑的相应功能，可以从词法、语法、语义等方面对文本进行理解，在此基础上再对文本进行信息抽取，这涉及大量的词法、语法分析，对机器的计算性能、存储性能都有非常高的要求。文本作为自然语言的载体，对同一事件或实体，其表述方式复杂多变，没有固定的规律可循，这就给机器分析、理解造成极大的困难。从目前的应用来看，让机器通过理解文本的语义来抽取文本，效果并不理想。

1.2　网络文本分类的应用

1.2.1　常见的应用领域

通信技术和计算机技术的融合产生了网络，网络不仅仅改变了信息的传播方式和传播速度，更重要的是它已经对人们的生产、生活方式形成了深刻的影响，是推动人类社会发展和文明进步的重要力量，网络孕育了一系列的新兴行业和职业，很多人的生存和发展已经和网络捆绑在一起，密不可分。据中国互联网络信息中心（CNNIC）公布的《2018 年中国互联网络发展情况报告》显示[3]，截至 2018 年 6 月，我国网民规模达到 8.02 亿，手机网民规模为 7.88 亿，互联网普及率达到 57.7%，境内网站数量为 544 万个，2018 年 1 月至 6 月，仅移动互联网接入流量消费就达到 266 亿 GB，同比增长 199.6%（图 1.4）。

单位：万个

图 1.4　近年来我国互联网网站数量状况

网络是由结点和线路构成的图结构，各种各样的结点在每时每刻都可能会产生大量的信息，包括表格、文本、图形图像、音频、视频等结构化数据和非结构化数据。

1. 网页文本信息过滤

随着实时通信技术的发展及自媒体时代的到来，各种类型的网络文本资源越来越丰富，人们的阅读选择不断扩张的同时，其角色从单一的阅读者转换成参与者，他们可以通过各种便携式网络设备随时随地地发布信息，达到沟通和分享的目的，网络上文本的规模呈现出指数级增长的态势。

对于存在于某些服务器上的"非法"文本，只需要在用户网络防火墙一端采用数据包源地址过滤的方法，就可以轻松地实现屏蔽。但很多情形下，一些合法网站，甚至门户网站也会有违反国家法律规定或违背社会道德的不当言论出现，此时就需要及时发现，防止其扩散。例如，人们在阅读"博主"的网文后留下自己的评论，在 BBS 论坛的主题帖下发表自己对事物的态度或看法，更多的年轻人乐于通过 QQ、微信、微博等软件工具在网络上发布各种信息。承担着社会管理功能的政府、商品制造和销售的企业有必要准确掌握这些舆情信息，以便做出及时的应对。譬如，网站发布某个网页，其内容是否符合国家相关网络行为的法律规定；BBS 论坛上的"讨论帖"是否存在利用网络煽动民众情绪的情况，需要实时地采取措施进行过滤处理。企业可以通过对其本身制造的产品或服务，及同行业商品的使用情形的反馈情况收集，及时把握使用者对产品功能或质量的需求，了解同行的生产/销售/服务情况，以便在产品生产方向或具体细节上进行调整，使得生产服务能更好地契合于需求。

在很多网站，尤其是一些门户网站里，短时间内的新增网页数量及论坛的发帖数量和跟帖数量都会非常大，依靠人工进行审核除了工作量巨大、时效性差之外，也会有漏判和误判现象的存在，使得舆论的监管失位。如果能让机器承担前期的预筛查工作，自动处理确定没有问题或明显存在问题的文本，对合法性存疑的文本提交人工审核，如此将大幅提升审核效率。

2. 话题检测与追踪

话题检测与追踪（Topic Detection and Tracking，TDT）是针对互联网中海量信息，以"话题 Topic"为凝聚点，将阐述对象为同一主题的网页、博客、微博、论坛帖子等信息源在逻辑上汇聚到一起，即便它们分散在不同的地点，出现在不同的时间。该项技术最初提出在 1996 年，美国国联高级研究计划局（DARPA）根据自身需求，要求在没有人工干预的情况下，能自动判别新闻数据流的主题，人们只需要提供查询关键词，就可以全面了解与话题相关的所有信息。一个高效的 TDT 系统，能准确地为用户提供想要相关信息，帮助他们发现事件中各种要素之间的相互关系，从整体上了解一个事件的全部细节，而不是简单地将只要包含关键词的不相关网页都返回，或是反馈大量的冗余文档信息。在浩如烟海的网络文本中，发现话题并对其发展进行跟踪是网络文本分类的又一项重要应用。

话题一般是一个事件或一项活动的报道，并具有相应的生存周期，如"911恐怖袭击""南京彭宇案""中共十九大""北京奥运会"等，在某段时间里，会有大量的网页或论坛发帖针对该话题。话题里包含对事件中基本要素的描述，如："据南方人才市场相关人士透露，自 2015 年以来，广东地区很多中小企业招工难的问题越来越严重。高昂的用人成本使得企业的支出不断增加，利润逐年下降"。

这段报道中包含有两个独立的描述性子句，给出了时间、地域、事件的描述等基本要素，以此为话题，TDT 系统将汇聚一些企业用工困难及用工成本增加的报道，而不是招工宣传或是企业经营利润方面的文本。

首先，要获得文本的向量空间模型（VSM），将非结构化的文本信息转换成数值化、结构化的向量表示。由于使用话题组织文本很难确定类别簇的数量，通常采用无监督聚类方法，将特征向量相似的文本归为一个簇，这里需要设置门限 α，将向量与类中心的相似度值与 α 比较，以确定某个向量是否可以归属该簇。从几何空间角度分析，当特征向量对应的点与簇中心距离 $dist$ 小于设定阈值时，可认为向量是簇的成员。将话题理解成簇中心，文本为簇的组成向量，簇的规模与设定阈值有直接关系，当其值较大时，原先的多个簇可能被整合到一个簇中，此时的文本归属划分比较粗略。比如，文本 DOC1 与话题 T1，文本 DOC2 与话题 T2 相似度较高，DOC1 和 DOC2 原本属于不同的话题，但如果 T1 和 T2 本身又是两个存在联系的话题，可以看成是一个大的话题，此时就可以将 DOC1 与 DOC2 划分到一起。

如果某个文本的特征向量与已知的簇中心的距离都大于设定阈值，表现在几何空间里是一个离群点，那么就可以把该文本的内容理解成一个新的话题。新话题产生后，会有文本不断加入，或者说，针对该话题继续追踪与之相关的报道。

话题以新闻网页形式或论坛形式呈现在 TDT 系统中会有所区别，后者更类似于网络社区聊天，聊天的内容与主题的吻合程度用回复帖与话题的相似度进行表示。利用事件、事件成员的相互关系分析热点话题是一种有效做法，例如两个帖子分别讨论军事相关话题 A 以及娱乐话题 B，可以统计各贴子的点击量、回复率、回复内容与主题相关度等信息，这些特征可以刻画论坛中的某个话题，计算话题间的类熵距离，即可确定热点话题。

3. 网络电子商务

网络电子商务中也会涉及大量的文本分类，网络检索是使用频率非常高的一类操作，人们在输入检索关键词后能搜寻到希望得到的信息，其实质上也是一种分类操作。例如，在购物网站各种商品都是以实物图的形式呈现给消费者，但却都是以文本进行标记和描述，对同一样商品的描述文本中可能就蕴含多个标记，每个标记都是对他们进行分类的依据，根据查询关键字，将相同类别的商品集中展现给用户，方便他们进行比较、筛选。

在购物网站中，商家总是希望用户在输入不同的查询关键词时，自己的商品总能出现在搜索结果列表中，以增加产品被用户选择的概率，这就涉及短文本多分类的问题。如图 1.5 所示，当用户在购物网站内以关键词"男装""夹克衫""外套""休闲""爸爸装"搜索时，如果把每个关键词的搜索结果看成一个类，那么图 1.5 中的商品会出现在每个类中。

图 1.5   用多标记文本描述的商品

网页个性化阅读推荐也是当前应用的热点，他根据用户某段时间内的阅读偏好，将与之相似度较高的文档也向用户进行推荐，以增加用户阅读的可能性，提高网页点击率，如图 1.6 所示。

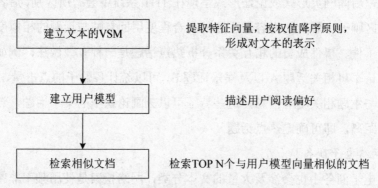

图 1.6   网络个性化阅读推荐的实现流程

同样地，这种网络个性阅读推荐需要计算用户某段时间阅读的文章的特征向量，并计算网络文库中每篇文章与其近期阅读的文章的相似度，这样会造成非常大的计算量，如果是在线计算则对服务器的运算性能要求更高，因此当前很多是采用离线运算方式。

网络个性阅读推荐中常用的算法有：基于文档内容（Content-based）的网络个性阅读推荐；协同过滤（Collaborative filtering）方法；基于模型的网络个性阅读推荐，如隐语义模型（LFM），机器学习模型（MLM）等。

1.2.2 相关技术领域

文本分类根据其处理流程，涉及网页信息采集、数据存储，以及信息处理，图 1.7 中给出了网络文本分类的逻辑功能构成。

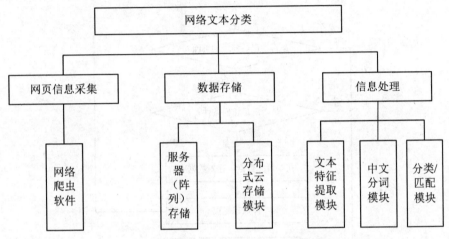

图 1.7 网络文本分类的逻辑功能构成

1. 网页信息采集

网页信息采集是文本分类的前提，准确的分类建立在获取有效、正确的网页信息基础之上，网页信息采集通常采用网络爬虫软件，以获取网页上的相关数据。如图 1.8 所示，用户在网络爬虫软件中设置一个或若干个网页 URL 作为初始种子网页，并从网页中提取链接初始化爬行队列，依照某种信息提取策略依次访问下一层 URL，下载并保存其间的数据，网页访问后会被标记，防止后续重复下载数据冗余，形成对存储系统的压力。用户设定访问条件，当爬行队列为空，或者爬行时间、网页爬行深度等达到用户的设定值，网络爬虫软件都会停止工作。

信息爬取策略决定了网络爬虫软件以怎样的方式获得网页数据，广度优先和深度优先是最常用的两种信息爬取策略。如图 1.9 所示，类似于对树型存储结构的遍历，对于每一级网页，广度优先策略首先爬取该网页内的所有数据，完成后再进入下一层网页，而深度优先策略则是沿着某条信息链，逐层获取某一主题相关数据，直到该链条不再有下层网页为止。

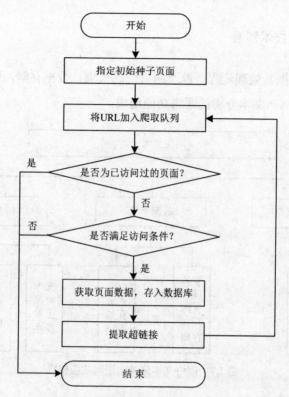

图 1.8　网络爬虫程序获取网页信息

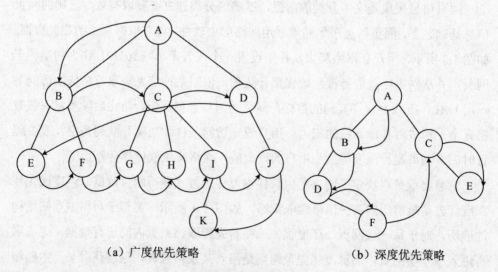

（a）广度优先策略　　　　　（b）深度优先策略

图 1.9　信息爬取策略

爬取网页信息的工具较多，下面介绍几种。

（1）UiPathUI。UiPathUI 里面包含了一个 Web 内容爬取实用程序，使用该工具获得所需的任何数据都会非常简单，只需打开待爬取信息的网页，使用工具提供的菜单，单击"网络爬取（web scraping）"就可以从任何网页爬取文本，表格数据和其他相关信息。

（2）Octoparse。Octoparse 是一款功能齐全的网络信息采集软件，内部集成了很多高效的专门工具，用户不需要编写代码就可以从复杂的网页结构中收集结构化数据。该工具完全可视化操作，适合新手用户使用。

（3）Content Grabber。Content Grabber 是一款功能强大的网页信息爬取工具，提供了专业的脚本编辑、调试界面，允许用户在使用内置的工具之外，还可以根据自身的需求编写正则表达式，因此它更适合具有较强编程能力的人群。

（4）Kimono。Kimono 是一个免费的工具，其从网页获取非结构化数据，并将该信息提取为具有 XML 文件的结构化格式。该工具可以交互使用，也可以创建计划作业以在特定时间提取用户需要的数据。可以从搜索引擎结果、网页、甚至幻灯片演示中提取数据。

2. 数据存储

数据存储是文本分类系统的重要支撑，它并不仅仅是数据安放的仓库，更涉及存储组织、增删改查、数据安全等一系列关键问题。因此，设备硬件环境，以及使用的存储技术将决定数据的传输速率，操作的丰富性、完整性，及数据的安全性。

政府、企业、个人每天都会在网络上生成大量的信息，这其中就有海量的冗余信息，以及垃圾信息，数据的存储和计算就成为处理这些网络文本的关键问题，也是学术界和工业界共同关注的焦点。大数据和云计算技术的提出和应用为网络文本处理指出了新的研究方向，一些开源框架的出现也为研究提供了有力的研究手段，典型的如 Hadoop 平台，底层采用 HDFS 分布式文件系统以实现海量数据的存储，使用 MapReduce 编程框架实现对大数据的并行计算，以及采用列数据库 HBase 实现对结构化数据的存储。在这个平台上，开发人员无须过多关注分布式存储和计算的实现细节,从而让用户把更多的精力用在核心业务的实现上。

3. 信息处理

信息处理主要包括文本分词、特征提取、机器学习算法、分类策略等，这部分内容将在后续的章节中详细阐述，这里只做简单介绍。

（1）文本分词。文本分词是将文本以词为单位进行分割，形成词的序列，它是文本特征向量（简称特征向量）提取及向量空间模型建立的基础。文本分词技术在国外起步较早，且由于很多外文的词之间切分标识明显，如英文采用空格符分割单词，技术发展遇到的阻力相对较小，目前已具有非常成熟的商用系统。相比较而言，中文分词面临的问题和困难会多不少，中文词汇量巨大，且语法规则复杂，同步于网络时代，其更新速度更快，词汇组合灵活性更大，这些都使得中文分词不能直接套用现有的外文分词系统，而是需要探究符合中文自身特点的语言处理方法。

（2）特征提取。特征是指某些词汇能很好地表达出文本的主题和思想，即文本的关键词。在统计过程中，词汇能被认定成关键词，主要和它在文本中出现的次数及出现的位置密切相关。文本处理中最常用的 TF-IDF 方法认为，某个词在文本中出现的频率越高，他就与主题的关联度越强，逆文档频率（IDF）使词频（TF）统计更为科学合理，某些词在文档 A 中高频率出现，而在其他文档中出现的频率却较低，那么它们就更能代表 A 的特征。而且，同一关键词出现在文档的不同位置，它的代表性也有很大区别，譬如，词语 B 出现在文档 A 的标题中，文档 C 的摘要中，以及文档 D 的正文中，显然，文档 A 更有可能在阐述与词语 B 相关的内容，在实际处理过程中，将词出现在不同位置赋予不同的权值来体现他的重要性。

（3）分类策略与算法。算法对文本分类的速度和精度影响非常大，在不同的数据场合下，已有的各种分类策略会呈现出的性能也会有所差异，没有一种分类算法具有普适性。对分类算法的研究必须结合它所针对的具体数据环境，而且具体的数据场景是不断变化的，尤其在网络条件下，数据环境更为复杂，因此对分类的研究也在不断深入和延伸。

1.3　文本分类步骤

在 1.1 节中提到，要解决大规模网络文本分类问题，需要通过特征工程将文本特征数值化表示出来，再交给分类器进行学习。下面简要介绍特征工程处理的一般步骤，具体内容将在后续章节阐述。

1.3.1　文本预处理

文本是不同级别的要素层层组合形成的媒质，词组合成短语，短语组合成句子，句子又组合成段落。词、短语、句子、段落这些要素都可以作为文本的特征，文本中蕴含的信息量越丰富，表达的语义越清晰，所需的文本要素数量也会越大。通常，词或短语的可复用程度相对于句子和段落更高，将前者作为特征，研究文本时会更加简便。

1.　文本提取

按文本信息来源分为从网页中获取和从图片中获取。

（1）从网页中获取。网页是网络文本的主要来源，HTML 网页中不同的元素信息用不同的标记进行标记，从而实现规范化的树型表示，如用 {<title>, </title>} 设置文档标题，{<p>, </p>} 表示段落，{<dl>, </dl>} 定义列表，{<a>, </a>} 创建超文本链接等，我们可以在不同的标记内部提取想要的文本信息，这样就为在此类结构的网页中提取文本信息提供了便利。

例如，一个用标签组织的简单网页结构，用 HTML 语言描述如下：

```
<html>
    <head>
        <title> 网页标题 </title>
    </head>
    <body>
        <div>
            <tr> text1 </tr>
            <tr> text2 </tr>
        </div>
```

```
<div>
    <table>
        <tr> <td> text3 </td> </tr>
    </table>
</div>
</html>
```

根据所呈现的内容，大致可将网页分为以下三种类型：

1）主题型网页：这种网页通过成段的文本阐述某一事件、活动或概念，也会包含少量的图片或链接。例如各大网站推出的博客平台，人们可以利用它发布一些与金融、学术、时政相关的一些短文、信息，以及自己的观点。

2）链接集中型网页：这种网页通常不会耗费大段文字去描述某一事物，而是将各类网页的标题集中在一起呈现给用户，如各个门户网站的首页。

3）多媒体网页：该类型网页主要呈现视频、音频、图片等多媒体信息，文本只是起到说明、标记的作用，如网络视频播放网页、图片主题网页等。

（2）从图片中获取。网络中的文本不是仅仅包含在网页中，很多时候存在于图片中，以 PDF、PNG、JPEG 等格式进行存储，就是说网络中很多信息在格式上是图片，但实际内容却是文本。对用户来说，只要包含的内容一样，文档和文档的扫描件似乎并没有区别，但对机器而言却存在巨大差异。像 TXT、DOCX 和 HTML 格式的文档可以进行索引并搜索，而图片只是一些像素点，并不支持根据内容检索。图像文本自动识别功能可以智能地区分某个图片是否为文档，以及文档中包含的数据。

在网络海量的图片中，首先要通过机器自动识别哪些是纯图片，哪些是包含文本的图片，这实质上是一个二分类问题，在解决这个问题之前，需要对网络上 PDF、JPEG 等格式的图片内容构成有先期经验。据统计，用户上传到网络上的上千亿图片中，JPEG 格式的文件大约是 PDF 格式文件的一倍，但这并不意味着前者的网页数量也是后者的一倍，因为一个 PDF 文件往往会有几十页、几百页，甚至上千页。PDF 格式的文件中有 30%左右是扫描件，也就是可以直接识别的对象；而 JPEG 格式的文件里，只有不到 10%的文件包含有识别价值的文本，完全不含文本的图片约占 30%，剩余的图片中虽含有文本，但识别的意义很小，譬如，服装图片的某个位置印有的商标标识。

目前，有一些工具在图片文本识别技术上做得较为成熟，例如 Dropbox，该软件当前的用户数量已经超过 1 亿，它虽然是一款免费的文件同步、备份、共享云存储软件，但在图片文本识别方面及提取方面的功能非常强大，用户搜索其中某个文件中出现的一段文本时，在搜索结果中就会显示出这个文件，其中就包括 PDF 及 JPEG 格式的文件。

2. 文本提取方式

HTML 用大量的标记来规范网页的显示，即通过给相应属性赋值的形式，对文本设置如字体、前景色、背景色、对齐方式等样式，使得它们看上去更加赏心悦目。从网页中提取纯文本的操作，即是去掉各种 HTML 标记，并将空格、回车符、换行符、制表符等剔除的过程，用简单的代码就能实现。

正则表达式是一种对文字进行模糊匹配的语言，它用一些特殊的符号来表示具有某种特征的一串字符，并设定匹配的次数，被用来检索符合某种规则的信息，是一种有效的网页文本提取方法。

表 1.1 中列举了一些非打印字符和特殊字符在正则表达式中的含义。

表 1.1 部分字符在正则表达式中的含义

字符	含义
\s	匹配任何空白字符，包括空格、制表符、换页符等
\S	匹配任何非空白字符
\w	匹配包括下划线的任意单词字符
\W	匹配任意非单词字符，包含非字母、数字
( )	标记子表达式的开始和结束
*	匹配之前的子表达式零次或多次，若要匹配"*"本身，则是用"*"
+	匹配之前的子表达式一次或多次，若要匹配"+"本身，则是用"\+"
.	匹配出换行符\n 之外的所有单字符，若要匹配"."本身，则是用"\."

例如，要从网页中提取 E-mail 地址信息，结构如：用户名@邮件服务器域名，这两部分均由字母、数字、下划线中的一种或几种构成，中间用@隔开。可用正则表达式表示为：

^[a-zA-Z0-9_-]+@[a-zA-Z0-9_-]+(\.[a-zA-Z0-9_-]+)+$

也可以表示成：

^\w+([-+.]\w+)*@\w+([-.]\w+)*\.\w+([-.]\w+)*$

其中：

（1）"^"和"$"表示匹配邮箱地址的开始部分和结束部分；

（2）"[a-zA-Z0-9_-]"匹配大小写字母、数字、下划线等字符。

匹配域名的正则表达式为：

[a-zA-Z0-9][a-zA-Z0-9]{0,62}(/.[a-zA-Z0-9][a-zA-Z0-9]{0,62})+/.?

匹配 Internet URL 地址的正则表达式为：

[a-zA-z]+://[^\s]* 或 ^http://([\w-]+\.)+[\w-]+(/[\w-./?%&=]*)?$

1.3.2　文本分词

1.2.2 节中提到，词汇是统计文本特征的最恰当单位，相比较于英文分词，中文文本因其本身语法、语义表述上的特殊性，处理起来会更加困难，而当对象变成网络文本时，困难的程度又会进一步加深。

网络上一些规范表述的文本，虽然一些新词汇的表述方式不断出现，但随着语料库的频繁更新，当前研究的分词技术尚能较好地处理这类信息。但一些个性化的文本表达形式，譬如论坛上的一些发贴或跟贴，不讲求语法上的严谨性，词法上也很随意，甚至会刻意地出现错别字或替代字，这些并不影响人脑的理解，但对机器分词来说却是灾难。

关于这部分内容，将在第 2 章中详细讲解。

1.3.3　特征选择

对文本实施分类的依据是文本特征，可简单地理解为，不同的文档可以被归于一类，是因为它们的所有特征或主要特征相似或相近。

文本分类的第一步就是要选择特征，恰当的特征选择能够让后续的分类更为高效，即用较小的计算成本、存储成本换取更高的分类精度。譬如，文档中包含的词的数量，及它们在文档中出现频率、位置等都可以作为文本特征供我们进行选择，这将会影响到后续需要耗费多大的存储空间实施存放，花多长的时间进行计算，最终的分类结果是否准确等。

（1）词语的数量。文档包含的词语数量可以作为文本的特征，但是却很少被使用，因为其弊端非常明显。假设有 A、B 两篇文档，判断它们同属一类的可能性有多大时，如果仅仅选用它们包含词语数量作为特征进行分类，得到的结果很有可能是不准确的，因为 A 和 B 即便是同一主题，描述同一事物的文档，如果一个长另一个短，其间包含词语的数量差异很大，也会被判定成不同类型的文档。

（2）词频。选择词频作为特征判定时则会精确很多，例如 A 和 B 中都频繁出现"人工智能"这一词语，那么机器就可以认定这两篇文档都是主题为人工智能方面的文章。当然对一篇长文档来说，其间会出现很多的词汇，如果我们统计文档中所有词汇出现的频率，将它们作为该文档的特征向量，那么将是很大的一组数据，而对网络中海量的文档进行统计时，其存储量和计算量是可想而知的。通常我们会选择词频向量中的前若干个分量作为文档的特征向量。

（3）词语的位置。词语在文档中出现的位置也是文本的重要特征，同一个词语如果分别在标题、摘要以及正文中出现，它所具备的重要性肯定是不相同的。某个词汇出现在标题中，它成为整篇文档主题的概率无疑最高，通常会给它赋予一个最大的权重；但当它出现在正文中时，其重要性就会小很多，对应的特征权重也会大幅降低。

1.3.4　数值化表示

文档中的词汇绝大多数是中文或外文形式，即便出现了数字也是字符属性的，而计算机在计算文本间的相似度时，文本形式无法直接被使用，需要进行数字化转换。TF 和 IDF 是文本数值化表示中最常用的方法，通常用 TF×IDF 来表示词汇在文档中的重要性，其值越高表示词汇越重要，文档中 TF×IDF 值排在前几位的词汇就是该文的关键词。

例如，两篇中文短文本 A 和 B：

A：他喜欢看书，也喜欢看电视剧

B：他喜欢看书，但不喜欢看电视剧

通过切词，将两个文档分成若干个词语：

A：他/喜欢/看/书，也/喜欢/看/电视剧

B：他/喜欢/看/书，但/不/喜欢/看/电视剧

除去停用词，TF=词语在文档中出现的次数/文档中包含的词汇总数（表1.2）。

表 1.2　词频统计举例

词汇	出现的次数	总词汇数	TF
喜欢	4		0.57
看	4		0.57
书	2		0.29
也	1	7	0.14
但	1		0.14
不	1		0.14
电视剧	2		0.29

从表 1.2 的例子中看出，仅用词频来刻画词汇的重要性显然是不够准确的，因为我们要表述的意思是某个人的爱好是看书还是看电视剧，而不是"喜欢"或者是"看"。引入 IDF，在语料库文档中该词汇出现的频率越低，意味着它的区分度越强，即对文本分类的贡献度越高，IDF = log［语料库的文档数/包含该词条的文档数+1］（表 1.3）。

表 1.3　逆文档频率统计举例

词汇	语料库中文档数	包含该词的文档数	IDF
喜欢		200	1.609
看	1000	400	0.916
书		100	2.302
电视剧		50	2.996

IDF 值可以看作语料库中词汇的权重，按照 IDF 的定义，词汇出现的频率与其重要性（权重）成反比，公式中 log 的指数部分是语料库内文档总数与包含词条 i 的文档数的比值，分母部分加 1 的目的是避免任一文档都不包含该词条的情况下，除零现象的发生。

TF-IDF 是文本特征属性表示的最常用方法，TF 表示某个词条越是频繁地出现在文档中，它就越能代表文档的表述主题，或是要陈述的对象；而 IDF 则是从体现差异的角度进行分析，越多文档包含有词条 i，那么该词条用于区分不同文档的效果就越差。TF-IDF 是一种中和表达形式，将词条按 TF×IDF 的值降序排序能较为客观地反映出它代表性的强弱。

1.3.5　分类器分类

1. 训练样本

机器学习是让机器模拟人脑认知事物的模式，在经过一定量的经验样本学习后，形成对某种模式的判别能力，可以对给定向量指出他所处的类别，即所谓的模式识别。样本的形态、标记样本的数量、质量、分布状况、维度对学习的效果和速度有非常重要的影响，概括起来主要有以下情形。

（1）样本的形态。样本的形态指样本中是否包含指示其类别属性的分量、分量的数量（维度）、分量的类型等。

样本集中通常会呈现已标记类别属性的经验样本，以及未标记的无经验样本混合的情形。在选择某种分类器后，用标记样本直接训练模型，未标记样本则可以揭示样本分布的状况，可以促使分类器参数不断优化，使之在面对未知类别的新样本时，能体现出某种精度的泛化性能。

维度也是描述样本形态的重要指标，维度过高或过低都会给机器学习带来很大影响。维度过低，用于区分样本的参考依据就会减少，甚至会出现在当前维度下不可分的情形，通常会使用核函数映射的方式，将它们映射到高维空间里，可以有效解决这一问题。而维度过高，随之而来的存储成本和计算时间成本都会极大增加，需要在保证样本主要特征保留的情况下，采用一定的策略降低维度。

样本形态还体现在各个分量的表现形式上，非数值型需要通过某种途径转换成数值型，以便后续的处理顺利开展。在各分量都是数值型的前提下，也可能因为度量单位不同等原因，造成分量间差异很大，此时需要采用规范化处理，将它们控制在某个区间内。

（2）标记样本的数量。理论上，标记样本的数量越多，对分类器进化的帮助就越大，但实际上很多样本对学习进程的帮助很相似，而这导致模型冗余学习的现象发生，在精度提升不明显的情形下，反而耗费了大量的训练时间及存储空间。但过少的标记样本又会使训练生成的模型分类能力很弱，这时就需要采用某种策略从未标记样本池中选择一些样本，由人工标记或机器标记后加入训练样本集。

（3）标记样本的质量。标记样本的质量是指标记样本对学习模型识别精度提升的贡献程度，尤其在训练样本数量匮乏，需要从未标记样本池中采集样本进行训练样本集的扩充时，分类器当前状态下分类最困难的样本被认为学习价值最高。从几何空间角度分析，即与当前分类平面最为靠近的点，其类别属性最不确定，那么它对分类器进化的帮助最大，需要进行标记学习。若能在训练样本集中将高质量样本遴选出来，提供给学习模型，可以大幅减少学习的轮次，压缩学习时间，提高效率。

即便是高价值样本，其对分类器模型精度提升的贡献值并不是稳定的，而是随着学习轮次的增加逐步降低，如图 1.10 所示。

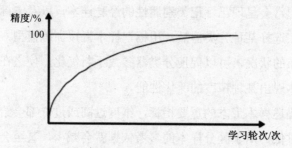

图 1.10　样本对分类器模型精度提升的贡献变化

（4）样本的分布。独立同分布（IID）是机器学习领域的一项重要假设，即训练样本和待检测样本服从同一个概率分布，其是使得训练获得的模型能在测试集上获得良好泛化性能的重要保证。IID 要求每次抽样互不影响，且服从同一分布，但目前机器学习领域已弱化这一假设，使训练和测试过程更具备普适性。

训练样本类别不均衡也是样本呈现的常见状态，正、负类样本规模差异悬殊，譬如论坛中违法违规的帖子数量要远低于正常的发帖数量，如果把他们分别设为负类和正类，就构成不均衡样本集。机器在这类集合上训练时，在面对类边界样本时会形成错分小类样本的偏好，因为小类样本占样本集的比重很小，错分后不会对整体的识别精度造成影响。但在很多应用场景中，小类样本才是需要精准识别的对象，例如疾病诊断、故障监测等，同样需要采用某种学习策略降低对小类样本错分的概率。

2. 机器学习算法

根据是否能为分类器模型的学习提供经验样本，机器学习算法大致可分为：无监督学习、半监督学习、监督学习等几类。

（1）无监督学习。某些应用场景，样本集中没有标记样本，这种情形下，聚类是实现无监督机器学习的最有效途径。将一些主要特征相似的向量划归到一个类别中，反映在几何空间中，样本距离哪个类中心最近，就会被划分到哪个类，如图 1.11 所示，但这样操作在实际应用中可能会不够准确。

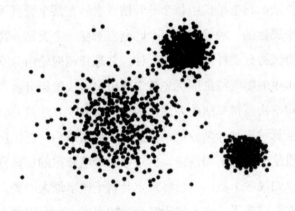

图 1.11　无监督聚类方法

常用的聚类方法有 K-Means 算法、GMM 算法等。

K-Means 算法将样本均值设为类中心，计算某个无标记样本距离各类中心的距离，并将它划分到距离值最小对应的类中，并据此修改类中心，不断迭代直到类中心不再发生变化，或满足终止条件为止。

高斯混合模型（GMM）是一种软分类算法，他对样本的概率密度分布进行估计，每个高斯模型代表一个聚类，估计的结果是几个高斯模型加权之和。将样本分别在几个高斯模型上投影，就会分别得到在各个类上的概率，选取概率最大的类所为判决结果，这点与 K-Means 算法比较相似。

（2）监督学习。监督学习是指利用一组已知类别的样本调整分类器的参数，使其达到所要求性能的过程。监督学习中，每个样本都是由若干个被称为属性的分量和一个类别输出值组成的向量，监督学习算法是用经验样本指导分类器进行学习，在经过若干轮训练后，使其具备判断其他样本类别的泛化能力。

常用的监督学习算法有：KNN 算法、决策树算法、朴素贝叶斯算法等。

KNN 算法即 K-近邻算法，如果一个样本在特征空间中的 k 个最相似的样本中的大多数属于某一个类别，则该样本也属于这个类别。KNN 算法中，所选择的邻近样本都是已经正确分类的对象，该方法在定类决策上只依据最邻近的若干个样本的类别来决定待分样本所属的类别。

决策树算法是一种应用非常广泛的分类策略，类似于编程中常使用的 if-else 结构，决策树算法的树型结构中每个非叶结点表示在某个特征属性上的测试，每个分支代表这个属性的一种输出，每个叶结点对应一个类别。决策树算法从根结点开始，逐个测试待分类样本的某些属性，并选择相应输出分支，直到得出某个决策结果。样本中的哪些特征应优先被选择出来做决策树分析，属性决策的先后顺序怎样，是构造决策树算法的关键，常用的有 ID3 算法及 C4.5 算法等。

朴素贝叶斯算法在贝叶斯分类系列算法中应用最为广泛，所谓朴素是由于它引入了若干假设使得模型更为简单，但这并不影响获得的良好分类效果。待测样本以不同的概率归属各个类，并最终判定其属于概率最大的类。在假设样本各特征相互条件独立的前提下，样本属于某个类的概率与两个因素有关：一是这个类在所有类中出现的概率，二是该类中出现此样本的概率，这些通常需要通过大量的统计数据获得。

（3）半监督学习。在许多应用中，无标记样本很普遍，但有类标记的样本却需要大量的人力标记或反复的实验才能得到，因此其数量会相对稀少。于是，研究人员尝试将大量的无标记样本机器标记后扩充训练样本集，以此提高学习器的泛化性能，这种方式被称为半监督学习。

要利用无标记样本，就需要有大量无标记样本所揭示的数据分布信息和类别标记相联系的假设，半监督学习依赖以下两种假设：

1）聚类假设：当样本属于同一类簇时，它们具有相同的类标记的概率很大，这个假设的等价定义为低密度分离假设，即分类决策边界应该穿过数据的稀疏区域，避免将稠密区域的样本分到决策边界两侧，如图 1.12 所示。这一假设下，大量未标记样本的作用在于帮助分类器探明样本空间中数据分布的稠密和稀疏区域，指导学习算法在有标记样本的作用下对决策边界进行调整，使其尽量通过数据分布稀疏区域。

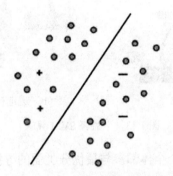

图 1.12   数据的区域分离假设

2）流形假设：样本分布在一个流形结构上，邻近数据具有相同的类别输出。其假设了在一个很小的区域里，样本间的属性相似，那么它们的类标记也应该相同。与聚类假设着眼全局特性不同，流形假设考虑局部特征，反映决策函数的局部平滑性，该假设有助于使得决策函数更好地拟合样本。

自训练算法、生成式算法、半监督支持向量机（SVM）算法等都是常用的半监督学习方法。

自训练算法是半监督学习方法最直白的一种形式，首先在经验样本集基础上训练出一个模型，将无标记样本作为测试数据输入模型，得到该样本的伪标记，依据某个准则，将认为判断正确的样本筛选出来，并将它加入训练样本集中用于训练模型，循环往复。

生成式算法是一种简单、易实现的半监督学习方法，它假设分类器为某个模型（高斯混合模型、朴素贝叶斯模型、混合专家模型等），无标记样本属于各类别的概率为一组缺失参数，用最大期望（EM）算法进行类标记估计和模型参数估计。该算法能发挥较好性能的前提是，假设的生成式模型要与真实数据分布吻合，否则使用无标记样本进行训练反而会降低机器的泛化性能。

直推式支持向量机（TSVM）算法是半监督 SVM 算法中最为典型的应用，它针对二分类问题，尝试将无标记样本分别作为正例和反例去寻找最优分类平面，得到整个样本集的最大分类间隔，如图 1.13（a）所示。

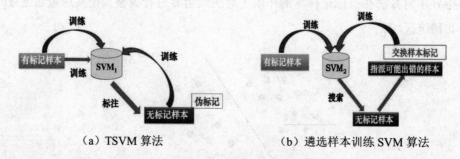

（a）TSVM 算法　　　　　　（b）遴选样本训练 SVM 算法

图 1.13　半监督 SVM 算法

无标记样本集中的每个个体都参与最优分类面的寻找会带来巨大的计算量，增加机器学习的时间，若能将分类时最可能出错的样本遴选出来，交换类标记去训练机器，会更高效地提升分类器的识别精度，如图 1.13（b）所示，但样本遴选过程本身就是一个复杂度最优化求解过程，同样会耗费大量的资源。

目前的半监督学习方式仅基于流形假设和聚类假设，当样本集分布与上述假设吻合度不高时，训练的效果会比较差。此外，半监督学习算法在处理噪声样本时会受到很大干扰，它会把噪声样本也当成普通的无标记样本加以考虑，并将它作为分类器参数调整的依据，导致最终训练结果的泛化性能下降。

1.4　本章小结

文本作为事物描述、情感表达的一种重要信息载体，与语音、图片等形式一样是人们交流的基本工具。让机器具备人脑的学习、认知方式去掌握文本的表达方式、语义内涵，从而替代人工完成一些任务量大、重复性高、复杂程度并不很高的工作，有着重要的意义，尤其在信息膨胀的网络时代，其作用更是巨大。

对网络文本分类的各个技术细节进行深入研究，使之在文本过滤、话题跟踪、电子商务、个性化推荐等具体应用领域发挥积极作用。目前，大多采用特征工程+机器学习的方法，训练出针对某项应用有着卓越性能的智能机器取代人工。

从浩如烟海的网页中将需要的信息准确地提取出来是基础的一步，网络爬虫软件依据广度优先或深度优先策略，从"种子"链接出发，获取网页信息并进行存储。在经过一系列预处理后，要从文本信息提取实体、关系等关键词，并把它们转换成机器能够直接使用的数据。将词语中那些最能代表文本主题的信息遴选出来数值化表示，构建该文本的特征向量，整篇文档就可以描述成多个特征向量构成的空间，优质地完成这一环节，能有效降低存储压力，让后续的机器学习更为省时，分类器精度进化更快。

机器学习的效果如何，不仅和选取的学习模型有关，更与作为输入的样本紧密联系，样本的形态、数量、质量、分布等因素都会对最终的泛化性能产生很大影响。根据样本中有标记样本、无标记样本分布的实际情况，可以采用监督学习、半监督学习、无监督学习等方法形成对待测文本的分类。

第 2 章　文本预处理

2.1　预处理环节

文本预处理指的是在原始语料上通过一系列的操作，提炼出可直接用于之后特征统计的信息，为接下来的数据挖掘或 NLP 任务的开展进行前期的准备，标记化（Tokenization）、规范化（Normalization）和噪声清除是文本预处理通常要实施的环节，如图 2.1 所示。

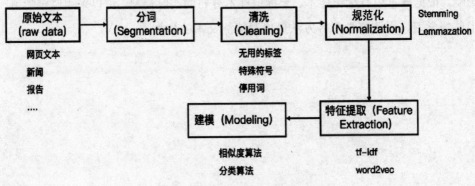

图 2.1　文本预处理的基本环节

2.1.1　标记化

标记化是将文本中的长字符串分割成片段的过程，段可以分割成句子，句子又能够被分割成词，词通常被当作文本特征统计的基本单位。经过标记化处理后，文本才能进行命名实体识别、词性标注及信息抽取等后续环节操作，它是语法分析和语义分析的基础。

分句和分词操作是标记化的基础操作。分句时，英文语句的定界符和某些缩写都会采用标点"."，会给标记化操作造成困难，如文本"Dr. Wang and Mr. Zhang are good friends." 中存在三个 "." 标号，但显然只有最后一个才是语句的定界符。中文文本则很少会出现上述情况，逗号、句号、问号等分隔符只会出现在语句的末尾，而很少出现在文本中间。

分词操作时，英文或拉丁文文本相对于中文文本会更为简单，词汇之间有空格符实现自然的分割，但并不意味着不需要分词，因为很多时候一个单词不能表达出完整的概念或意思，因此要将若干个单词作为一个词汇切分出来，如实体名 "NEW YORK" "American Broadcasting Corporation" 等就是由若干个单词构成的词汇。中文文本由于其特殊的表达结构和语法形式，从句子中分离出词汇的难度会明显增加，尤其在网络环境下，未登录词的规模持续扩张，词典更新不及时，以及表述方式随意造成的语句多意，都会给机器分词带来困扰。中文文本分词的相关问题，将作为本章的重点在后续的章节中详细叙述。

2.1.2 规范化

规范化指将要处理文本对象在语句格式及词汇形式两个方面统一到标准所要求的水平。语句格式上的规范相对简单，在源文本中清除标点、多余的空格、符号（如 "$" "《》" "%" 等），将数字转换成文本表示等操作能完成常规的格式规范化。词形还原和词干提取是词汇形式规范化的两种重要方式，都能达到归并词形的目的，并且两者之间存在有密切的联系。此外，去除停用词，发现新的未登录词也是文本规范化要开展的工作。

1. 词形还原

英文文本中，词汇拥有多种形态很常见，词形还原就是要去掉词缀（前缀、后缀等），呈现词典中原始的表示形式。词汇变化按形态转变方式有屈折变化、派生变化及复合变化等三种情况，从变化前后的区别来看又有规则变化和不规则变化两种。

屈折变化是由于词的语法作用不同而引起的形态变化，如单词 "run" 在不同时态的语句中有 "ran" "running" 等呈现形式，单词 "take" 则有 "took" "takes" 等形态。派生变化指单词从其他单词或词干衍生而来，这在英文中很常见，一般是通过添加词缀来完成，如 "luggage" "freedom" "difficulty" "friendship" 等。

两个或以上的词组合在一起形成新的词汇称之为复合变化，如"grass-green""birth-control""freezing-cold"等。

词形变化后有些与原词干保持较高的相似性，称为规则变换，如"wolf"变换成"wolves""dog"变化成"dogs"等，但有些单词变化后与原形式相去甚远，如"good"变化成"better"及"bset"，这种情况叫作不规则变换。

无论是何种形式的变化，词形还原的目标就是要将变化后的词汇还原成原始的表达形式。

2. 词干提取

词干提取是去除词缀得到词根的过程，提取算法要根据某些定义的规则来完成，如去掉词尾的"s""ed""ing""ly"等词缀，英文的语法规则相对而言并不复杂，但很多时候也会造成词汇的处理失误，例如，"morning""Miss"等词汇中"ing""s"本身就是词语的组成部分，若当成词缀处理则得到的结果字符串并不是一个词语。

词形还原和词干提取的处理目标一致，应用领域和实现方法上也基本相似，他们的区别主要体现在以下几个方面。

（1）实现复杂程度上，词干提取方法相对简单，词形还原则需要返回词的原形，需要对词形进行分析，不仅要进行词缀的转化，还要进行词性识别，区分相同词形但原形不同的词的差别，因此词性标注的准确率也直接影响词形还原的准确率。

（2）实现结果上，词干提取和词形还原也有一些区别。词干提取的结果可能并不是完整的、具有意义的词，而只是词的一部分，而经词形还原处理后获得的结果是具有一定意义的、完整的词，一般为词典中的有效词。词形还原处理相对复杂，获得结果为词的原形，能够承载一定意义，与词干提取相比，更具有研究和应用价值。

（3）应用领域上，虽然二者均被应用于信息检索和文本处理中，但各有侧重。词干提取更多被应用于信息检索领域，适用于检索颗粒较粗的应用场合。词形还原更主要被应用于文本挖掘、自然语言处理，用于更细粒度、更为准确的文本分析和表达。

3. 过滤停用词

文本信息处理过程中，出于节省存储空间和提高处理效率的考虑，文本操作之前会自动过滤掉某些字或词，被称为 Stop Words（停用词）。过滤的依据是事先生成一个停用词列表，但没有一个明确的停用词表能够适用于所有具体应用，因为某个专业领域的词汇相对于其他领域而言就可以设置为停用词，当然也可以采用人工的方式指定停用词，这样会更加准确，但也会消耗大量的人工时间成本，在大规模文本处理时通常不会采用。

一般处理时，除了一些数字、大小写不敏感的字母组合等可作为停用词去除外，其他情况大致可分为两类认定为停用词，一类是语言中的功能词，这些词使用的频率极高，但只有辅助表达和完善句子结构的作用，如语气助词、副词、介词、连接词等，他们并没有实际含义，比如英文文本中的"the""is""at""which""on"，以及中文文本中的"在""的""只是""这样""那么"等。但对于搜索引擎应用来说，当搜索关键字包含功能词时，会增大索引量，降低搜索效率。另一类是词汇词，比如"只有""总而言之""恰恰相反""相对而言""至于""自从"等，这些词也经常使用，但是这种词对文本意思的表达并无太大的作用，不能作为刻画文本的特征，同样也会加大机器处理的负担，这类词在预处理过程中也应当加以过滤。停用词选取规则如图 2.2 所示。

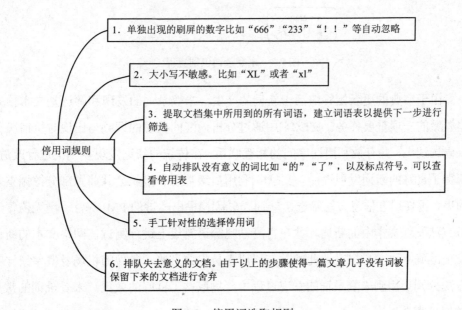

图 2.2　停用词选取规则

4. 发现未登录词

未登录词即是尚未被分词字典收录的词，在基于字典的分词算法中，通过不断登记新词来扩充字典规模，减小词汇歧义分割的可能性，提高分词的准确性。伴随网络传输技术和存储技术的发展，各种自媒体平台为用户间的交流和自我展示提供了良好的环境，但在其上所呈现的文本与传统的新闻、博客等规范文本相差很大，它们的文字规模较小，携带的信息简短，且语法不规范，语义完整性差，特征缺失，并掺杂有大量的未登录词汇，如"蓝瘦、香菇""小白""打 call""老铁""佛系""硬核"等。未登录词识别流程如图 2.3 所示。

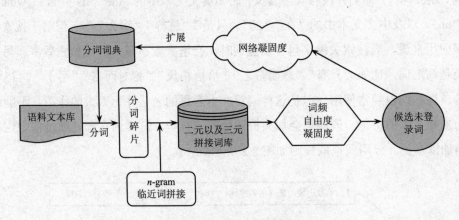

图 2.3　未登录词识别流程

由于字典的更新始终滞后于新词的产生，未登录词的发现和筛选是文本预处理领域的一项重要任务。文献[4]中通过分析词汇间共现的词频与出现时机情况获取候选词串，并有效利用词串间的相互联系，在传统的新词发现规则上进行改进，获得了良好的新词发现性能。文献[5]利用后缀数组和最长公共前置部分挖掘重复词串，再使用互信息方法筛选出新词。文献[6]提出改进的 PMI 算法，用无监督学习方法发现文本中的新词，并在百度贴吧等语料集上进行测试，网络文本的新词发现准确率进一步提升。此外，有科研人员将信息熵、条件随机场及概率统计等方法分别运用到未登录词的发现过程中，均取得了良好的效果。未登录词的常见类型见表 2.1。

表 2.1　未登录词的常见类型

未登录词分类	描述	举例
缩略词	为叙述方便,对现有词语按规则进行简化表达或省略	计生、人大、神九、非典、小资
专有名词	专用的人物、地点、机构名称	欧盟、安理会、上交大、美职篮、冬奥会
派生词	在现有词根基础上加词缀构成	大众化、原则性、超脱感、外向型、红唇族
复合词	由动词或名词组合而成	编导、月圆、拆房、六百万、马年

2.1.3　噪声消除

所谓文本噪声是指机器在文本处理时用不到的,或者是会降低其处理效率的信息,消除文本噪声又称文本去噪。网络文本的噪声干扰会更为突出,1.3.1 节中去除 HTML 中的格式化信息,提取正文部分,以及文本规范化中的词形还原、词干提取、过滤停用词,都可以理解成文本去噪操作。文本去噪后,可以显著提高信息质量,为后续的机器处理提供健康、有效的数据来源。

2.2　分词技术应用

根据源文本结构的复杂程度,预处理操作会消耗相应的时间资源,对于来源于网页的文本信息,大量的结构、属性信息与文本掺杂在一起,为预处理操作带来了困难,很多时候文本处理的 50%左右的时间都会花费在预处理环节上,而这对源数据的处理结果将影响后续的分类等操作的准确性。

文本语料预处理中涉及的最关键技术就是分词,前面提到中英文文本都会牵涉到分词问题,只不过英文语料中词汇间自带空格符进行分隔,分词难度相对于中文语料要低很多,处理技术方面也非常成熟。中文分词面临的两类难题分别是歧义文本分割及未登录词,目前的语言模型在处理中文歧义语料方面已积累了较为深入的理论基础,对一些规范表达的语句已能很好地进行词汇分割,不会产生明显的错分情况。但正如 2.1 节中所述,很多网络平台上的文本在语法格式、语言要素完整性等方面都存在特殊性，更重要的是层出不穷的网络新词给自然语言处理带来巨大的挑战。

2.2.1 常见应用领域

中文、日文等语言构成的文本在书写形式上有别于英文、法文等西文文本，前者在一个句子中连续书写，虽然有些单个的字也能表达完整的意义，如动词"看""吃""喊"，名词"灯""花""布"等，但更多时候需要多个连续的字在一起形成词才能描述某个概念，此时就需要将这些词从句子中准确地分割出来。从应用的角度分析，应当为不同表达能力的用户提供准确有效的服务，而不能过分的要求他们在表述过程中斟词酌句，避免歧义的产生，很多应用对机器分词的准确性要求很高。

1. 机器翻译

机器翻译是人工智能领域的一项重要应用，他能够在不同语言文本之间进行相互转换，实现不同地域间人们的无障碍沟通，其核心是将源语言的语义单元转换成目标语言的对应形式，并进行相应的整合、拼接，使其更符合人们的阅读习惯。机器翻译是一个复杂的工程，例如将中文翻译成外文之前，可能需要将长语句表示成短语句的组合，过滤掉介词、助词等与语义表达无关的词汇，修正不规范的表达方式等；翻译过程中，由于一个中文词汇可能会对应若干个外文单词或词组，这时需要结合上下文的语境和语义，从备选对象中选择最恰当的表述；翻译完成后，再需要进行大小写转换，目标词汇的连接等一系列操作。

毋庸置疑，分词会是决定机器翻译结果准确与否的前提，无论是在早期的基于规则的机器翻译阶段，还是基于词统计模型的阶段，亦或是目前最前沿的基于端到端的神经机器翻译阶段，没有源词汇的精准呈现，语句及段落的翻译将无从实现。

2. 搜索引擎

搜索引擎根据用户的检索需求，从互联网上收集网页信息，并依照某种组织策略将结果呈现到用户界面。在数以亿计的网页中，搜索引擎要在尽可能短的时间内准确地判断出每个网页的主题和所陈述的内容与用户检索意图的符合程度，提升搜索操作的准确度和速度，当然将所有的检索结果都予以呈现意义并不大，因为用户不可能阅读完所有与搜索关键词有关的网页文本，只需要根据相似度降序排序罗列出结果即可。

国内搜索引擎技术虽然起步较晚，但近年来其成熟度已与国外引擎相差无几，这在相当大程度上依赖于中文分词技术和自然语言处理技术的飞速发展，早已突破了机械匹配及词频统计等传统方法的局限，对网页信息的理解更为深入和准确，搜索的结果更符合用户的预期。

3. 自动文本摘要

用机器对文本的内容进行归纳、精炼，并最终形成能描述文本中心思想的摘要，这一过程称为自动文本摘要，它能帮助人们快速阅读和选择信息。将文档中语句赋予不同的权重表示他们的重要程度并进行排序，位置靠前的语句便可形成文本摘要。同样地，需要采用分词技术将句子中表述有实际意义的关键词抽取出来，语句中包含的关键词越多，包含的信息越丰富，它的重要性也就越高，因此分词效果的好坏就会直接影响自动摘要的结果。

4. 智能问答/对话系统

智能问答/对话系统实质上是一种基于语义匹配及信息检索的应用，它通过分析、理解用户用自然语言提出的问题，在知识库中搜寻最可能符合要求的答案。当前，在各类智能终端上集成的对话机器人，其基本的功能即是与人进行并不复杂的自然语言交流。智能问答/对话系统就其工作机理可分为基于知识图谱的对话系统和基于检索的对话系统，前者可以根据实体间的关系推论出相应答案，例如你向机器提问"英国的首都在哪里"或是"英国的首都是哪座城市"，虽然问题的表述形式略有差异，但在抽取实体｛英国，首都｝之后，都可以推断出相同的答案"伦敦"；基于检索的对话系统，则需要对问题进行语法、语义分析之后，通过搜索引擎在信息库中查找匹配度最高的答案。无论是基于何种原理，分词都是基本的环节，自然语言要素都是通过该步骤获得。

5. 自然语言情感分类

自然语言情感分类是 NLP 研究领域的另一重要课题，它通过对文本分析、推理分析得到人们表达的情感，从而进行相应的分类。例如，人们在消费活动结束后对某种商品或服务实施文字评价，机器在完成处理后，将文字评价赋予"好评""中评""差评"的标签。当然，由于中文在表达时方式非常复杂，存在讽刺、双关等众多的表达形式，因此机器在自然语言情感分类时也会存在大量的误判操作。

除了上面列举的分词技术应用之外，凡是涉及中文信息处理的领域一般都会运用到分词，如新闻分类、文本校对、语言文字转换等，分词准确率的高低直接影响到中文信息处理的最终效果。

2.2.2　应用中涉及的主要问题

1. 歧义语句处理

由于中文语句采用连续的字符书写，某些时候会造成一个语句对应多个词汇的集合，而每个集合中的词又都合法，这即是所谓的歧义语句。表达者要传递的语义只有一种，如何使机器从若干备选词汇序列中选定正确的那种，是歧义语句处理要解决的问题。从结构上看，中文语句主要存在 4 种歧义语句字段类型：交集型歧义字段、组合型歧义字段、真歧义字段以及未登录词字段。

（1）交集型歧义字段。在字段 ABC 中，A、B、C 分别是由单个字或若干字构成的字段，其中 A、AB、BC、C 都是词典中的词，则字段 B 称为交集型歧义字段，在中文语句中交集型歧义字段所占的比例最大，是影响自动分词系统精度的重要因素。

消歧策略应根据文本的类型不同针对性地制定，如通过分析交集型歧义字段在中文文本中的分布规律和统计特征，采用基于记忆的消歧策略，即能获得良好的分词效果。在针对专业领域文本的交集型歧义字段展开了相关研究后，研究者得出了通用语料库中的歧义字段在专业语料库很少会发生歧义类型转变的结论。

消歧首先要完成对交集型歧义字段的识别，例如对同一字段采用正向匹配和逆向匹配两种方法进行处理，所得结果不一致时即判定为歧义字段，该方法在字段链长为奇数时效果较为理想。如两条短语"大学生活很美好"以及"大学生活力四射"中，字符"生"既可以与上一字符构成词"学生"，又能连同下一字符组成"生活"；同样，"活"字在组合上也存在"生活"和"活力"两种情况，此时即为典型的交集型歧义字段，人脑在遇到这种情形时不会出现理解上的困难，因为在获取这些单字信息后，人脑会根据上下文并结合已有的经验快速地形成字的组合，而机器则需要通过与词典匹配或统计方法来获得最可能的组合形式。

（2）组合型歧义字段。字段 *AB*、*A*、*B* 都可以构成词汇，此时 *AB* 称为组合型歧义字段，简称组合型字段。可以看出，*AB* 是否切分在语义上都是合法的词汇，因此组合型歧义字段分割实际上是一个二分类问题，而分词操作中通常的"长词优先"原则会偏向于不切分，从而导致错误的发生。例如，《现代汉语语法词典》包含的 6.8 万个双字词中，满足组合型歧义字段定义的词超过 90%，但实际分词后发生歧义的不到 1%，因为上下文语境对分词的影响很大，可以借助它做出是否进行词汇切分的判断。通过人工建立高频组合型歧义字段表，当待分词文本中出现表中字段时，采用相应策略做出切分选择。

消除组合型歧义通常有基于规则的方法、基于字符分类的方法、借用语义的方法，以及基于特征向量空间的方法等。一般来说，字段切分与否的不同之处会在语义上体现出来，也有一些中文 NLP 研究者通过新的视角不断提出新的方法，如文献[7]中，通过分析组合型歧义字段切分与否导致的词性上的改变，总结字段发现的规律。例如，"一起去学校"和"一起交通事故"两个短语中，前面的"一起"是副词，修饰动词"去"，是一个整体，而后面的"一起"则分别是数词和量词，应该进行切分。

（3）真歧义字段。根据分词结果，歧义字段可分为两种大的类别，一是伪歧义字段，即机器理解层次上的歧义，放在具体的上下文语境中只有唯一正确的切分方式；另一种是真歧义字段，即在真实的语言环境中的确可以产生两种或以上的分割方式，例如语句"公司将一批乒乓球拍卖了"，可以切分成"公司/将/一批/乒乓球/拍卖/了"的形式，也能够分割成"公司/将/一批/乒乓/球拍/卖了"的词序列，这两种分词结果在语法都没有错误，但表达的语义却有所区别。由于"乒乓球""球拍""拍卖"等都是词典中的常见词汇，依照最大匹配的消歧原则，会形成"乒乓球/拍卖/了"的结果，如果依照词频统计的方式，则要根据"球""拍""卖"三个汉字在语料库中组合成词的频率确定分词结果。当然，不是所有对真歧义字段的不同切分都会形成不同的语义，例如语句"直观描述如图 1"中，对"如图 1"字段的划分，可以是"如图/1"，也能是"如/图 1"，虽然对应的切分结果不同，但在语义上并无区别。

实际应用中，真歧义字段的数量并不多，如果没有上下文，就会对分词造成较大困难，对于类似这种情况的语句需要人工处理。

（4）未登录词字段。未登录词字段没有在分词词表中收录，包括一些人名、地名、企业名称、各种缩写词、方言用语、行业用语，以及新增词汇等，尤其在互联网迅速发展的当下，各种新增词汇或转义词汇层出不穷，收录的进程往往会滞后，这样就给分词操作带来了极大挑战。虽然目前的分词技术不完全依赖于词典，因为诸如人名、缩写词、简称用语等不可能穷尽收录，很多时候，一些基于分析词构成模型的方法，以及基于统计的机器算法也能够将未登录词字段准确地识别出来，但词典的作用仍然不可替代，依旧是提高分词效率的最有效途径，语句中出现大量未登录词字段会对机器分词造成较大的困难。

对汉语未登录词字段发掘的研究从未停止过，有统计研究表明[7]，在 80000 个词构成的词表中，未登录词所占的比例仅为 3.5%左右，这些未登录词中复合词所占的比例约为 85%，专有名词约为 10%。例如，语句"你这个月末尾款能结清吗？"，复合词"月末"若没有在词典中登录，那么就存在将单个字"末"和"尾"划分成一个词的可能。再比如，语句"日本首相安倍和特朗普通话"，假设专有名词"特朗普"为未登录词，则该语句有可能被切分成字段序列"日本/首相/安倍/和/特/朗/普通话"。

2. 分词规范

中文文本中，词是能够代表特定含义且复用程度很高的语言单位，机器要运用或学习的语言知识都来自词典，词典提供了综合各类信息的知识库。库中包含词信息（词汇、词频、词性等）、句法规则（词之间聚合的规则），以及语义、语境等相关方面的信息。与歧义字段处理、未登录词字段识别一样，中文分词规范涉及基本语素之间、词汇之间的界定问题，虽然经过长时间的研究，但仍然不能确定一个通用、权威的标准适用于解决所有的分词问题。

（1）分词粒度选择。中文分词中，词的粒度粗细选择是一个难题，但业界基本上遵循"结合紧密，使用有效"的原则，分词粒度的选择不牵涉对错的问题，而是人们在对规则的理解上主观性差异，且在不同的应用领域对分词粒度的需求不尽相同，导致某个标准不能普适于各种应用场景。例如：

华北平原	华北/平原	
水土流失	水土/流失	水/土/流失
自然风光带	自然/风光带	自然/风光/带
太阳直射点	太阳/直射点	太阳/直射/点

在机器翻译中，词汇分割粒度较大时对应的词组翻译会较为准确，如果切分成单个词翻译，结果可能会与实际语义相差较远。同样地，在搜索引擎应用中，将查找表达式拆分成过细的颗粒，反馈的网页结果中可能会呈现大量不相关的信息，同时会降低查找速度，例如想了解"甲骨文公司"的相关情况，如果按"甲骨文"或"公司"进行网络搜寻，则呈现的结果并不是我们所期望的。

（2）词结构变形。汉语中的某些动宾短语、动词、形容词、名词等经常在不影响原语义的前提下进行结构变形，并且变形后呈现的形式一般为叠词、离合词等，这些变形后的情况并不能完全收录到词典中，因此，对这些词的分割就缺少合理且可行的规范，词结构变形举例见表 2.2。

表 2.2　词结构变形举例

词性	原词	叠词	离合词
动宾短语	打球	打打球	打一场球
	玩牌	玩玩牌	玩几局牌
动词	听见		听没听见
	睡觉	睡睡觉	睡了一觉
形容词	高兴	高兴高兴/高高兴兴	
	糊涂		糊里糊涂
名词	山水	山山水水	
	是非	是是非非	

如表 2.2 中动宾短语"打球"，叠词的变换形式无非是"打打球""打球球"等有限的几种，但由此转换而成的离合词会随着具体的语境呈现出很多的形式，如"打一场球""打一会球""打一下球"等，很难将所有可能的表述都收录到词典中。动词结构变形具有个性化的特点，即不是所有的动词都能变换成叠词，比如可以说"睡睡觉"，但通常不会有"听听见"的表述。形容词重叠后可能转换成状态词，如"高

高兴兴""糊里糊涂"等。在网络文本中，由于文本表达的随意性更大，规范性约束更弱，词结构变形对自动分词造成的影响会更为突出。

3. 汉语词缀

中文构词时，常有"词根+词缀"的结构，词缀可以理解成附加在词根上的一种语素，作为词缀使用时并没有具体的含义。词缀有前缀和后缀两种，例如

（1）前缀：

老师、老虎、老百姓

阿姨、阿婆、阿哥

第一、第五、第十

（2）后缀：

桌子、骗子、矮子

头儿、花儿、破烂儿

下巴、尾巴、磕巴

词缀作为合成词的一部分，是不能切分开的，但实际分词过程中，有些词汇若不分割，则会对词的语义表达造成偏差。例如，语句"克服许多困难而最终获得成功者"中的序列"获得成功者"，从人脑的理解角度应切分成"获得/成功/者"，若将"者"作为词缀，分割结果则为"获得/成功者"，这在语义表达上明显是错误的。

2.3　中文分词方法

当前常用的中文分词方法有基于词典匹配的分词（机械分词），基于特征统计的分词（统计分词），以及基于深度学习的分词等方法。此外，人们也尝试将不同分词方法的优势综合起来，使得在时间效率和准确率方面进一步提升，比如将机械分词和统计分词相结合，前者无须计算，速度优势明显，后者则能自动发现新词，不断扩充词典的规模。

2.3.1　基于词典匹配的分词

基于词典匹配的分词又称机械分词，是一种有效的传统分词方法，最大匹配

（Maximum Matching，MM）被梁南元等人用于中文分词，开发出我国第一个汉语自动分词系统（CDWS）。MM 有正向最大匹配、逆向最大匹配，以及双向最大匹配等实现模式，最大匹配长度 N 的确定较为关键，N 过短，一些长词会被错切，N 过长，就会降低分词的效率，且不利于文本处理后续环节的使用，N 大小的确定通常采用经验值。根据不同语料库的统计数据，中文文本中由单字及双字构成的词语超过词语总量的 50%，三字词所占比例也很大，鉴于此，文献[4]中提出词典采用二级 Hash 结构存储方式，对一个词语的前两个汉字建立基于 Hash 的索引，以提高词典匹配的时间效率。

图 2.4 以正向最大匹配为例，描述了算法执行的流程。

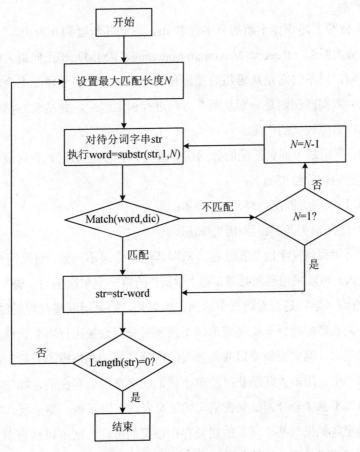

图 2.4　正向最大匹配的算法流程

　　例 2.1　str="机器学习技术在文本分类中的应用"，N=5，用正向 MM 方法进行分词。

　　（1）word="机器学习技"，Match(word, dic)=False，N=N-1；

　　（2）word="机器学习"，Match(word, dic)=True，str="技术在文本分类中的应用"，N=5；

　　（3）word="技术在文本"，Match(word, dic)=False，N=N-1；

　　（4）word="技术在文"，Match(word, dic)=False，N=N-1；

　　（5）word="技术在"，Match(word, dic)=False，N=N-1；

　　（6）word="技术"，Match(word, dic)=True，N=N-1，str="在文本分类中的应用"，N=5；

　　（7）依照上述规律不断切分字符串 str，直到其长度到 0 为止。

　　逆向最大匹配（Reverse Maximum Matching，RMM）和正向最大匹配在原理上完全相同，只不过它是从语句的尾部开始处理，且在切分精度上会略高于正向最大匹配。双向匹配则是分别从两个方向进行词汇匹配，并结合回溯机制，一定程度上可以消除歧义的产生。

　　例如，采用基于词典匹配的分词切分语句"学历史知识"，正向最大匹配与逆向最大匹配的切分结果如下：

　　（1）正向最大匹配：学历/史/知识；

　　（2）逆向最大匹配：学/历史/知识。

　　对于交集型歧义字段"学历史"，双向匹配的结果不一致，对比词典发现"史"不在列表内，可以采用回溯处理，将"学历"的后一个字取出与"史"组成词"历史"，再查询"学"是否为词典中的词，如果是，则采用回溯处理的结果。

　　基于词典匹配的分词实现简单，不需要对分词系统进行事先训练，但其对词典的依赖很大，词典更新滞后或是新兴应用领域的词典规模不完善，都会导致分词错误的产生。用最大匹配获得的单个词汇在词典中是存在的，即它在语法并无问题，但并不意味着分词结果在语句的语义表达上也正确，鉴于此，"三词语块"分词法提出，如果对某个词汇的切分存在歧义的可能，则可以利用上下文信息，对三个词条形成的语块进行考量，罗列所有可能的组合，并依据相应规则确定最终分词结果。

"三词语块"分词法仍然以最大匹配为基本准则，并用最大平均词长、最小词长方差、最大单个词语素自由度之和等策略解决复杂词条组合情形下的相关问题。例如，对语句"小学生命题作文写作水平提高要靠日常积累"实施分词，表2.3 中列举了"三词语块"分词法的部分分词策略。

表 2.3　"三词语块"分词法的部分分词策略

三词语块组合	最大匹配字符数	最大平均词长	最小词长方差
小学/生命/题	2	5/3	2/3
小学生/命题/作文	3	7/3	2/3
小/学生/命题	2	5/3	2/3
要靠/日常/积累	2	2	0
要/靠/日常	2	4/3	2/3

2.3.2　基于特征统计的分词

基于特征统计的分词的基本原理是根据字符串在语料库中出现的统计频率来决定其是否构成词，词是字的组合，相邻的字同时出现的次数越多，就越有可能构成一个词。因此，字与字相邻共现的频率或概率能够较好地反映它们成为词的可信度。基于特征统计的分词通常要依次进行以下两步：首先要建立统计语言模型，如 n 元统计语言模型，即 n-gram 模型；接下来对语句进行词条划分，用统计方法，如隐马尔可夫模型（HMM）、最大熵隐马尔可夫模型（MEMM）、条件随机场模型（CRF）等，计算不同字符组合的概率，并将最大概率的组合形式设定为分词结果。

设语句 S 可被切分成 $w_1,w_2,\cdots,w_k$ 等 k 个词条，$k=n_1,n_2,\cdots,n_m$ 对应 m 种不同的分词方案，$P(w_i|S)$ 为采用第 i 种方案的概率，条件概率 $P(w_i|S)$ 涉及 k 个词的联合概率分布：

$$P(w_1,w_2,\cdots,w_k) = P(w_1) \times P(w_2 \mid w_1) \times P(w_3 \mid w_2,w_1) \cdots$$
$$P(w_k \mid w_{k-1},w_{k-2},\cdots,w_1) \tag{2-1}$$

式（2-1）所表述的方法在概率估算时基本不被使用，是由于存在以下问题：

（1）存储量和计算量巨大。

（2）需要相当数量的熟语料，否则会产生因训练语料不足造成的数据稀疏问题。

（3）由于应用领域语料库的差异，耗费大量资源得出的概率估算结果不具备良好的移植性。

鉴于上述原因，实际操作中通常会采用马尔可夫假设，即一种分词结果出现的概率只与其前面的 $n-1$ 个分词有关。$n=1$ 时，各位置上出现的分词结果与其他位置无关；$n=2$ 时，位置 j 上的分词仅与上一位置 $j-1$ 有关，其对应的模型被称为一阶马尔可夫链模型（bi-gram），为二元统计语言模型：

$$P(w_1, w_2, \cdots, w_k) = \prod_{j=1}^{k} P(w_j \mid w_{j-1}) \tag{2-2}$$

此外，还有三元统计语言模型 tri-gram（二阶马尔可夫链模型），四元统计语言模型等，统称为 n-gram 模型。n-gram 模型的空间复杂度 $O(|V|^n)$，$|V|$ 为语料库规模，随着统计量 n 的增加，复杂度呈指数上升，对存储的要求急剧扩张，一般 $n \in [2,4]$。将对条件概率的统计转换成对词频的统计，则有：

$$P(w_j \mid w_{j-1}) = \frac{P(w_{j-1}, w_j)}{P(w_{j-1})} \approx \frac{f(w_{j-1}, w_j)}{f(w_{j-1})} \tag{2-3}$$

式中，$f(w_{j-1}, w_j)$ 表示词条相邻出现的次数，$f(w_{j-1})$ 代表单个词条在语料库中出现的次数，这些都可以通过对语料库的数据统计完成。某些生僻词，或者相邻分词联合分布在语料库中没有，概率为 0，这种情况我们一般会使用拉普拉斯平滑，即给它一个较小的概率值，防止除零溢出情况的产生。利用语料库建立的统计概率，对待分词语句，通过计算各种切分可能对应的联合分布概率，找到最大概率对应的分词方法，即为最优分词。

1. HMM 统计

（1）基本概念。HMM 通过完成字在语句中的序列标注实现分词功能，每个字在词条中都有特定的位置，可以用 B（词首）、M（词中）、E（词尾）和 S（单独成词）状态值表示。输入观测值序列，求解最优状态值，其中涉及一阶马尔可夫假设以及观测独立性假设，是 HMM 的两个最基本假设。

HMM 涉及以下 5 个概念：

1）隐状态序列 St。St 是状态值(B,M,E,S)的集合，他们是马尔可夫模型中隐藏的状态，无法通过观测序列直接获得，其数量 $N=4$。文本序列中单个字的隐状态确实与前后的若干个字状态相关，但为了降低计算复杂度，提高算法执行效率，在大量工程经验的基础上做出一阶马尔可夫假设，即任意时刻的隐藏状态只依赖于前一时刻的隐藏状态，也称为齐次马尔可夫假设，表达式为：

$$P(St_i \mid St_{i-1}, St_{i-2}, \ldots St_1) \approx P(St_i \mid St_{i-1}) \qquad (2\text{-}4)$$

2）观测状态集合 O。观测状态集合 O 由语句中所有汉字字符及标点构成，任意时刻的观测状态，只依赖于当前时刻的隐藏状态，即观测独立性假设。O 的规模 M 不需要和 St 的大小 N 一样，若干个 O 中元素可以对应同一个中 St 元素。

3）状态转移概率矩阵 TP。状态序列(B,M,E,S)各元素之间发生状态转移的概率，通过统计训练语料中的字状态转移频率得到矩阵 TP 中的值，为 4×4 矩阵，$TP = \{a_{ij}\}$，a_{ij} 的表达式为：

$$a_{ij} = P(q_t = St_j \mid q_{t-1} = St_i) \quad i \geq 1, j \leq N$$

$$1 \geq a_{ij} \geq 0, \quad \sum_{j=1}^{N} a_{ij} = 1 \qquad (2\text{-}5)$$

式（2-5）中 a_{ij} 统计在 $t-1$ 时刻状态值为 St_i，但 t 时刻状态值却是 St_j 的概率，矩阵中各行的概率之和为 1。表 2.4 中对 a_{ij} 取对数（因此均呈现负值），这是一种惯用的做法，可以将乘法运算转换成加法运算。可以看出，B→B，B→S，M→B，M→S，E→M，E→E，S→M，S→E 的可能性接近于 0，B→E 的概率比 B→M 要大。

表 2.4 状态转移概率矩阵示例

状态	B	M	E	S
B	–3.14e+100	–1.959439	–0.151913	–3.14e+100
M	–3.14e+100	–1.098363	–0.405589	–3.14e+100
E	–0.781829	–3.14e+100	–3.14e+100	–0.623129
S	–0.742892	–3.14e+100	–3.14e+100	–0.813305

4）发射概率矩阵 EP。4×M 矩阵 EP 其分量为条件概率值，在隐含状态为 St_j 情况下观测值为 O_i 的可能性，$EP = \{b_j(k)\}$，$b_j(k)$ 的表达式为：

$$b_j(k) = P(O_t = v_k \mid q_t = st_j) \quad 1 \leq j \leq N, \ 1 \leq k \leq M$$

$$b_j(k) \geq 0, \quad \sum_{k=1}^{M} b_j(k) = 1 \qquad (2\text{-}6)$$

5）初始状态概率矩阵 π。字串首字对应(B,E,M,S) 4 种状态的概率，首字的状态只能是 B 或 S，通过词频统计发现，状态 B 的概率相对更高。

　　HMM 可用三元组 $\{\boldsymbol{TP}, \boldsymbol{EP}, \boldsymbol{\pi}\}$ 描述，是一种产生式模型，将状态输出看作马尔可夫链，用联合概率形式表示为：

$$P(O_1 O_2 \cdots O_m \mid St_1 St_2 \cdots St_n) = \prod_i P(St_i \mid St_{i-1}) P(O_i \mid St_i) \tag{2-7}$$

　　（2）Viterbi 算法。Viterbi 算法常用于 HMM 的解码，是机器学习领域运用非常广泛的动态规划算法，它能够在给定观测序列 $\{O_1, O_2, \cdots, O_t\}$ 以及相应模型的前提下，生成最有可能产生观测序列的隐含状态序列。通常用 HMM 描述的问题都可以用 Viterbi 算法来解码，其中就包括分词问题。Viterbi 算法在 HMM 每个局部的可能路径中，选择最优者到达状态 St_i，直至终点。从终点开始，自后向前回溯得到全局最优路径，输出得到标注观测序列 $\{O_1, O_2, \cdots, O_t\}$ 最大概率的状态序列。

　　例 2.2　使用 Viterbi 算法对字符串 Str="计算机文本预处理" 分词处理：

　　输入：观测序列集合 O={计算机文本预处理}。

　　输出：隐状态序列 St={BMEBESBE}。

　　图 2.5 直观地表示出，对字符串期望切分的结果是沿曲线表示的那条路径，而不是像直线连接线那样，将 Str 分割成一串单个的字符，或是沿其他路径进行切分。

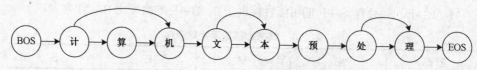

图 2.5　例 2.2 的预期分词结果

　　首先，通过统计语料库得到 HMM 中所需的各种的条件概率，并形成相应矩阵，为说明算法执行流程，以下为虚拟统计数据。表 2.5 为例 2.2 的 $\boldsymbol{\pi}$ 矩阵示例。

表 2.5　例 2.2 的 $\boldsymbol{\pi}$ 矩阵示例

状态	P
B	−0.263
E	−3.14e+100
M	−3.14e+100
S	−1.465

状态转移概率矩阵 **TP** 就采用表 2.4 中所示数据，表 2.6 列举了几个由中文字符构成的发射概率矩阵 **EP**，括号内为未取对数前的概率值。

表 2.6　例 2.2 的 **EP** 示例

状态	计	算	文	本	预	理	...
B	−2.301 (0.005)	−2.523 (0.003)	−2.155 (0.007)	−2.096 (0.008)	−3.523 (0.0003)	−2.397 (0.004)	...
E	−2.698 (0.002)	−3.096 (0.0008)	−2.397 (0.004)	−2.221 (0.006)	−4 (0.0001)	−2.698 (0.002)	...
M	−3.096 (0.0008)	−3.301 (0.0005)	−2.698 (0.002)	−3.301 (0.0005)	−3.698 (0.0002)	−3.154 (0.0007)	...
S	−3 (0.001)	−4 (0.0001)	−3.045 (0.0009)	−3.698 (0.0002)	−2.397 (0.004)	−3.698 (0.0002)	...

设到达某个位置的概率标记为 $P[N][M]$，满足该概率的上一出发位置记为 $\psi[N][M]$，$N=4$ 为状态数，本例中 $M=8$ 表示观测序列中的字符数量。

将 **π** 和 **EP** 中的对应列做乘法操作（对数形式对应加法操作），初始化语句首字"计"的概率矩阵，可选择从 P 值最大的结点 $P[1][1]=-2.564$ 出发，表示"计"字的最可能状态为 B，是状态 S 的可能性很小，为 E 或 M 的概率接近于 0，见表 2.7。

表 2.7　例 2.2 的字串首字状态概率分布

状态	**π**	**EP**（计）	**P**（计）
B	−0.263	−2.301	−2.564
E	−3.14e+100	−2.698	−3.14e+100
M	−3.14e+100	−3.096	−3.14e+100
S	−1.465	−3	−4.465

从状态 B 出发，对下一个字符"算"，采用同样的方法进行条件概率的计算，即 $P(算|计)$，见表 2.8。

表 2.8　例 2.2 字串中间字符状态概率分布

状态	**P**（计）	**TP**	**EP**（算）	$P(算|计)$
B	−0.263	−3.14e+100	−2.301	−3.14e+100
E	−0.263	−1.959	−2.698	−4.92
M	−0.263	−0.151	−3.096	−3.51
S	−0.263	−3.14e+100	−3	−3.14e+100

可以看出，在"计"字为状态 B 的前提下，"算"字状态为 B 或 S 的可能性接近于 0，E(P[2][2=−4.92])或 M(P[3][2]=−3.51)两种可能中，M 的概率又要大一些，Viterbi 算法会倾向于将"算"字状态标注为 M，而标注的依据来自上一位置 ψ[3][2]，字串中后续字的状态标注方法与此类似，不再赘述。在到达字串的最后一个字时，其状态只可能是 E 或 S，本例中就需要比较 P[2][8]和 P[4][8]值的大小，用较大值对应的状态作为回溯的起点，尾字符"理"对应的状态为 E，确定到达状态的上一状态，依次类推，最终求出观测序列对应的全局最佳路径，即状态序列。

Viterbi 算法中矩阵 $\boldsymbol{\pi}$、$\boldsymbol{TP}$、$\boldsymbol{EP}$ 中的概率值都是通过对语料库中元素进行词频统计获取到的，因此，语料库自身因素对算法执行的效果影响较大，也就是说，常规语料库的词频统计结果若运用到专业文本分词中，极有可能造成切分错误。对于某些未定义的观测值，如一些生僻字，需要统一设置默认的概率。对于某个观测值，如果不是由一个隐藏状态决定，而是若干个隐藏状态综合影响的结果，在不符合观测独立性假设的前提下，HMM 的作用发挥就受到限制。

2. MEMM 统计

HMM 的最大缺陷来自观测独立性假设，导致其不能考虑上下文特征，过分依赖语料库的统计信息。最大熵 MaxEnt 模型在所有满足约束条件的模型中选择信息熵极大的对象，支持约束条件灵活设置，通过约束条件的数量来调节 MaxEnt 模型对数据的拟合度及适应度，且自然解决了参数平滑的问题。但是 MaxEnt 模型自身存在收敛速度慢、运算时系统开销大、数据稀疏、占用存储空间大等缺陷。

MaxEnt 模型的目标函数表示为：

$$P(y|x) = \frac{1}{Z(x)} \exp\left[\sum_{i=1}^{n} w_i f_i(x,y)\right]$$

$$Z(x) = \sum_{y} \exp\left[\sum_{i=1}^{n} w_i f_i(x,y)\right]$$

$$f_{<b,s>}(x,y) = \begin{cases} 1 & b(x) = \text{true}, \ y = s \\ 0 & \text{otherwise} \end{cases} \tag{2-8}$$

特征函数 $f_{<b,s>}(x,y)$ 中 b 为特征，s 为对应的状态，取值 0 或 1，w_i 是特征函数的权重，其值越大说明函数的重要程度越高，对确定最终的概率贡献也就越大。

$\dfrac{1}{Z(x)}$ 是归一因子，它能将条件概率 $P(y\,|\,x)$ 的取值控制在(0,1)范围内。

MEMM 的表达式如下：

$$P(y_{1:n}\,|\,x_{1:n}) = \prod_{i=1}^{n} P(y_i\,|\,y_{i-1},x_{1:n}) = \prod_{i=1}^{n} \frac{\exp\left[\sum_{j=1}^{K} w_j f_j(y_i,y_{i-1},x_{1:n})\right]}{Z(y_{i-1},x_{1:n})} \tag{2-9}$$

$$Z(y_{i-1},x_{1:n}) = \sum_{y} \exp\left[\sum_{j=1}^{K} w_j \cdot f_j(y_i,y_{i-1},x_{1:n})\right]$$

MEMM 综合了 HMM 和 MaxEnt 模型的优点，其利用观测序列 $x_{1:n}$ 和上一状态 y_{i-1} 的特征来预测当前状态 y_i，相比较于 HMM，它可以使用更多的特征信息。但在单个结点都要进行归一化，由于状态转移路径分支数不同，概率的分布不均衡，导致状态的转移存在不公平的情况转移，状态少则转移发生的概率高，假设某个状态只有一个后续状态，那么该状态到后续状态的跳转概率即为 1，即不管输入任何内容，它都向后跳转，因此只能获得局部最优值，从而带来了标注偏置的问题。

MEMM 允许状态转移概率建立在序列中彼此关联的特征之上，不需要假设观测序列中各时刻的取值相互独立，比 HMM 更为合理，这样模型的学习和识别过程中就能够有效使用上下文信息，提高识别精度。

3. 条件随机场（CRF）模型

CRF 模型与 HMM 一样，也是基于字状态分析的分词方法，它利用状态变量之间以及观测量与状态量之间的关系，通过设置特征函数 f、f 的权重 w 调节语句中每个字的状态判断概率。CRF 模型是一种适用于多任务的概率无向图模型，是 NLP 领域应用广泛的技术，它不再使用一阶马尔可夫假设和观测独立性假设，其性能要强于 HMM 以及 MEMM。

线性 CRF 模型的表达式为：

$$P(y_{1:n}\,|\,x_{1:n}) = \frac{1}{Z(x_{1:n})} \prod_{i=1}^{n} P(y_i\,|\,y_{i-1},x_{1:n}) = \frac{\prod_{i=1}^{n} \exp\left[\sum_{j=1}^{K} w_j \cdot f_j(y_i,y_{i-1},x_{1:n})\right]}{\sum_{y} \exp\left[\sum_{j=1}^{K} w_j \cdot f_j(y_i,y_{i-1},x_{1:n})\right]} \tag{2-10}$$

式（2-10）中，观测序列 $x_{1:n}$ 与状态序列 $y_{1:n}$ 具有相同的长度，但 $x_{1:n}$ 可以作为

一个整体影响单个随机量 y_i 的输出，随机量 y_i 组成的线性结构是 CRF 模型中最常见的形式，称为线性链条件随机场。条件概率 $P(y|x)$ 遵从马尔可夫性质，理论上当前状态输出与观测序列以及状态序列的所有输出都相关，如图 2.6 所示，但实际执行时只考虑与其相邻的状态。

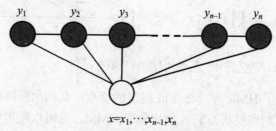

$$x = x_1, \cdots, x_{n-1}, x_n$$

图 2.6　CRF 模型的原理

形式上，MEMM 与 CRF 模型非常接近，只不过前者是在单个观测结点做归一化操作，而后者是对全局做归一化，能够有效解决标注偏置的问题。

CRF 共有 K 个特征函数 $f_1, f_2, \cdots, f_k$，分别赋予不同的权重 $w_1, w_2, \cdots, w_k$，w_i 由训练获得。特征函数 f 实质上包含状态特征 u 和转移特征 v，若从有向图的角度进行分析，u 是定义在结点上的特征，依赖于当前位置，而 v 则是定义在连接结点的边上的特征，依赖于当前位置和上一位置。将 K 个特征模板给出的分值乘以对应权重后相加，并通过指数相加和归一化后，转换成概率形式，对观测序列 $x_1, x_2, \cdots, x_n$ 中的每个字结点的状态输出做出判断，对于设有 4 种状态的分词应用来说，即是语句中的单个字对应(B,M,E,S)中的哪种。f_i 是个二值函数，设置了一种匹配规则，当参数 y_i, y_{i-1}, x, i 符合设定的特征时 $f_i = 1$，否则 $f_i = 0$。

例如，设置特征函数 $f_1 \sim f_4$，其中 f_1, f_2 是特征转移模板，f_3, f_4 是状态特征模板，对字符序列中位置为 2 的结点进行匹配。

$$f_1 = \begin{cases} 1 & (y_i = \text{'S'}, y_{i-1} = \text{'S'}, x, 2) \\ 0 & \text{otherwise} \end{cases} \quad w_1 = 0.8 \quad (v_1)$$

$$f_2 = \begin{cases} 1 & (y_i = \text{'B'}, y_{i-1} = \text{'S'}, x, 2) \\ 0 & \text{otherwise} \end{cases} \quad w_2 = 0.6 \quad (v_2)$$

$$f_3 = \begin{cases} 1 & (y_i = \text{'M'}, x, 2) \\ 0 & \text{otherwise} \end{cases} \quad w_3 = 0.8 \quad (u_1)$$

$$f_4 = \begin{cases} 1 & (y_i = \text{'S'}, x, 2) \\ 0 & \text{otherwise} \end{cases} \quad w_4 = 0.7 \quad (u_2)$$

f_1, f_2 设定在上一个字符状态为 'S' 的情形下，接下来的字符状态很可能是 'B' 或者 'S'。f_3, f_4 则在统计的基础行归纳出在位置 2 上出现状态 'M' 及 'S' 的可能性高低。例如，观测序列 $x_{1:n}=$"我爱自然语言处理"，$i=2$，$x_2=$"爱"，字串首字符"我"状态是 'S'，那么下一字符"爱"状态存在为 S 或 B 的可能，比较权重 w_1, w_2，可以进一步确定 S 的概率更高。结点自身的状态特征使用与 HMM 模型很相似，HMM 要通过语料库统计"爱"字作为单字出现的概率 $P(x_2 \mid y = \text{'S'})$，以及作为词语首字出现的概率 $P(x_2 \mid y = \text{'B'})$，并将其作为重要依据进行词的分割。如果转移特征只考虑到 x_i 和前一个字 x_{i-1} 的关系，由于可供参考的信息量太少，很多时候并不能得到准确的结果，为解决该问题，通常设置一个窗口 ω，将包含的上下文信息的若干字符作为一个模板综合进行考虑。例如，对于序列 $x_{1:n}$ 中的字符 x_i，当 $\omega=1$ 时仅考虑自身的特征权重，而当 $\omega=3$ 时，除了自身特征权重需要顾及外，还要考虑到相邻字符 x_{i-1}, x_i, x_{i+1} 间的组合特征，即状态转移权重，对应的条件概率计算公式变换成表达式：

$$P(y_{1:n} \mid x_{1:n}) = \frac{1}{Z(x_{1:n})} \prod_{i=1}^{n} P(y_i \mid y_{i-1}, x_{i-1:i+1}) \tag{2-11}$$

显然，窗口尺寸越大，特征间的关系会兼顾得越全面，但由此带来的计算量也会大幅增长。统计表明，所有语料库 99% 以上的词都是 5 字或 5 字以下的词，因此，使用宽度为 5 个字的上下文窗口足以覆盖真实文本中绝大多数的构词情形。设待分词的字符串长度为 N，类别输出种类数量为 D，则在特征模板上生成的一元特征函数个数为 $D^2 N$，二元特征函数的数量会增加到 $D^2 N^2$，随着 N 的增长，特征函数的数量会急剧膨胀，造成分词性能的下降。

同样地，Viterbi 算法被应用于 CRF 模型动态路径的选择上，如图 2.7 所示，对于每一列要计算该位置上的字符结点当作为(B,M,E,S)中的一种状态输出时，其对应的分值 score，计作 $S_i(t)$，其中，i 为结点所处位置，$t \in \{B,M,E,S\}$。

$$S_i(t) = S_{i-1}(t) + v(t_j t_k) \tag{2-12}$$

当前位置的 $S_i(t)$，由上一位置得分 $S_{i-1}(t)$ 和状态转换得分 $v(t_j, t_k)$ 共同决定。具体为，当 $t=1$ 时，需要计算 $S_1(B), S_1(M), S_1(E), S_1(S)$ 的值，由于是首字符，没有上一状态得分以及状态转换分值，该位置的得分等同于字符自身的一元特征分值。从 $t=2$ 开始，需要计算各字符可能对应的每种状态分值，譬如对于 B，计算 $S_2(B) = \max(S_1(B) + v(BB), S_1(S) + v(SB), S_1(M) + v(MB), S_1(E) + v(EB))$，同样要计算 $S_2(M), S_2(E), S_2(S)$ 的值，并在 4 个值中取最大值作为最优路径结点，位置保存在数组中，在获得最优终结点路径后，以回溯方式逐一获取上一最优路径结点，完成对字符观测序列的标注，从而实现分词的效果。

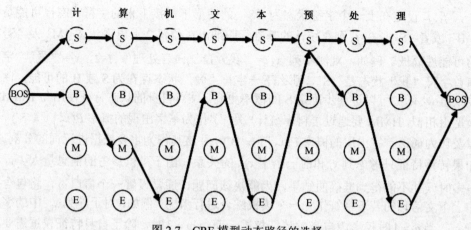

图 2.7　CRF 模型动态路径的选择

综上所述，HMM、MEMM、CRF 模型等基于特征统计的分词，其主要优势在于能够平等看待词典词和未登录词，缺点是学习算法的复杂度往往较高，计算代价较大，好在现在的计算机的计算能力相较于以前有很大提升。基于特征统计的分词是目前的主流分词方法。

当然，基于词典匹配的分词和基于特征统计的分词在实际使用过程中并不是只能二选一，如图 2.8 所示，文献[8]提出在统计中文分词模型中融入词典相关特征的方法，使得统计中文分词模型和词典有机结合起来，一方面可以进一步提高中文分词的准确率，另一方面可大大改善中文分词的领域自适应性。

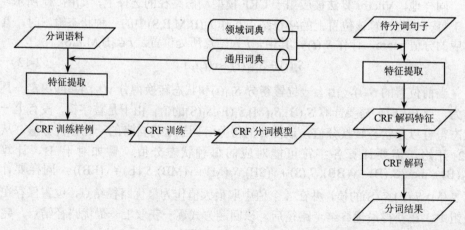

图 2.8　在统计中文分词模型中融入词典相关特征的方法

2.3.3　基于深度学习的分词

深度学习通过对信息在多个层级上建模，上一层的输出作为下一层的输入，将底层的特征逐层实施抽象供高层进行学习。深度学习可以简单理解成多层神经网络，但其工作方式却不仅限于神经网络。深度学习在机器翻译、自动问答、文本分类、情感分析、信息抽取、序列标注、语法解析等领域都有广泛的应用。

2013 年末，Google 发布的 Word2vec 工具可以看作深度学习在 NLP 领域的一个重要应用，Word2vec 是一个多层的神经网络，同样可以将词向量化。在 Word2vec 中最重要的两个模型是 CBOW（Continuous Bag-of-Word）模型和 Skip-gram（Continuous Skip-gram）模型，两个模型都包含三层：输入层、投影层、输出层。CBOW 模型的作用是已知当前词 W_t 的上下文环境（$W_{t-2}, W_{t-1}, W_{t+1}, W_{t+2}$）来预测当前词，Skip-gram 模型的作用是根据当前词 W_t 来预测上下文（$W_{t-2}, W_{t-1}, W_{t+1}, W_{t+2}$）。在模型求解中，和一般的机器学习方法类似，也是定义不同的损失函数，使用梯度下降法寻找最优值。Word2vec 模型求解中，使用了 Hierarchical Softmax 和 NegativeSampling 两种方法。通过使用 Word2vec，我们可以方便地将词转化成向量表示，类似计算机处理图像中的像素点一样，数字化词的表示。

在自然语言处理中，上下文关系非常重要，一个句子中前后词并不独立，不同的组合会有不同的意义，循环神经网络（RNN）则考虑到网络前一时刻的输出对当前输出的影响，将隐藏层内部的结点也连接起来，即当前时刻一个结点的输入除了上一层的输出外，还包括上一时刻隐藏层的输出。RNN 在理论上可以储存任意长度的转态序列，但是在不同的场景中这个长度可能不同。如果预测一个词语需要较长的上下文，随着这个距离的增长，RNN 将很难学到这些长距离的信息依赖，虽然这对我们人类相对容易。在实践中，已被证明使用最广泛的模型是长短期记忆网络（Long Short-Term Memory，LSTM）很好地解决了这个问题，LSTM 能够学会远距离的上下文依赖，能够存储较远距离上下文对当前时间结点的影响。

有关 Word2vec、RNN、LSTM 等技术的详细内容将在第 3 章中做具体介绍，这里不再赘述。使用深度学习手段对文本实施分词，是一个重要的方向，但相关技术的研究当前还处在完善阶段，有待学术界和产业界的共同努力。

2.4　分词工具

在前文介绍的分词原理与技术的基础上，人们开发了一些集成工具用于分词操作，使得文本信息处理效率更高。

2.4.1　Python 中文分词工具

Python 中文分词工具较多，包括盘古分词、Yaha、Jieba、THULAC、snownlp 等，它们的用法相似。下面介绍使用较多的 Jieba 分词工具。

Jieba 分词工具处理的文本对象一般为 UTF-8、Unicode、GBK 等编码形式，支持三种分词模式：精确模式、全模式和搜索引擎模式，技术上，采用词典与统计方法相结合的策略，通过词典匹配提高分割精度及速度，并能通过参数开关选择性启用统计功能，运用动态规划查找最大概率路径，找出基于词频的最大切分组合，在 HMM 框架下使用 Viterbi 算法能较好地解决未登录词的切分问题。如图 2.9 所示，在 pycharm 环境下测试 Jieba 分词工具三种分词模式的分词效果。

```
4    seg_list=jieba.cut("西班牙，马洛卡 – 当地时间6月18日，2019赛季马洛卡公开赛继续进行女单首轮争夺。"
5            "五届大满贯得主莎拉波娃在首盘化解两个盘点，以7-6(8)/6-0击败斯洛伐克新星库兹莫娃，复出首战旗开得胜。"
6            ,cut_all=True)
7    print("全模式:"+"/".join(seg_list))

9    seg_list = jieba.cut("西班牙，马洛卡 – 当地时间6月18日，2019赛季马洛卡公开赛继续进行女单首轮争夺。"
10           "五届大满贯得主莎拉波娃在首盘化解两个盘点，以7-6(8)/6-0击败斯洛伐克新星库兹莫娃，复出首战旗开得胜。"
11           cut_all=False)
12   print("精确模式: " + "/ ".join(seg_list))  # 精确模式
13
14   seg_list = jieba.cut("广汽本田新款缤智正式上市，作为中期改款车型，新车整体设计基本延续了海外版车型，"
15           "配置方面也进一步升级")  # 默认是精确模式
16   print(",".join(seg_list))
17
18   seg_list = jieba.cut_for_search("习近平回信勉励北京体育大学研究生冠军班学生")  # 搜索引擎模式
19   print(",".join(seg_list))
```

图 2.9　Jieba 三种分词模式的分词效果

全模式下，Jieba 分词工具在参照词典进行匹配的基础上，将字符间所有可能的组合列举出来，这种模式处理速度虽然很快，但很多时候并不能给出唯一的准确结果，对后续的操作造成困难，如图 2.10 所示。

图 2.10　Jieba 分词工具全模式下分词效果演示

精确模式下对文本分割的准确度明显增加，但在某些未登录词的识别上仍然有偏差，如图 2.11 所示，对人名"莎拉波娃"的切分上就出现了错误。

图 2.11　Jieba 分词工具精确模式下分词效果演示

搜索引擎模式下分词的分词粒度较细，适合于构建索引，如图 2.12 所示。

图 2.12　Jieba 分词工具搜索引擎模式下分词效果演示

为了提升切分精度，可以在分词之前导入多个词典，自定义词典以及更新停用词列表等方式，改进分词的效果。词典是一个包含词语、词频及词性等信息的文档，它是 Jieba 分词工具实施分词的重要参照，通用词典能服务于常规性文本的切分，而对一些专业领域的文档，它则会表现出明显的局限性，此时专业领域词典的作用就会凸显。有时，研究者甚至要建立自己的词典，例如一篇研究地方方言的文档，若不借助词典，机器采用算法分割的准确度将大打折扣。

分词过程中，通过引入停用词列表，使结果更为直观、实用，针对具体的业务，可以整理出对业务没有帮助或意义的词汇，甚至是语句。

2.4.2　Java 中文分词工具

通过 Java 实现的分词工具也很多，如 Ansj、imdict-chinese-analyzer、庖丁分

词、IKAnalyzer、Jcseg 等。在采用不同的分词算法前提下，这些工具均取得了良好的语句分割效果。

Ansj 分词工具是汉语词法分析系统 ICTLAS 的 Java 实现，它使用开源版 ICTLAS 提供的词典并实施优化，中文分词速度达到每秒百万字，准确率达到 96% 以上，能够完成 NLP 所涉及的命名实体识别、词性标注、自动摘要等各项任务。模型上沿用 bi-gram + HMM，并在此基础上进行优化，如采用邻接表实现数据库可用性组（DAG），用 DAT 提高词典的匹配速度，支持自定义词典和自定义消歧规则等。Ansj 分词工具也是一款词典匹配与统计方法相结合的工具，若相邻字恰好为词典中定义的词，则能准确地实施分词，如图 2.13 所示。而对于未登录词则需要借助于统计模型，bi-gram 模型基于一阶马尔可夫假设，字的当前状态只与上一状态有关，动态规划 Viterbi 算法被用于求解分词 DAG 最短路径。

```
// 向多用户词典中添加词汇：小白、杠精
String str = "对知识一知半解的人虽不至于是小白，但很多时候却是十足的杠精";
System.out.println(ToAnalysis.parse(str));
Forest dic1 = new Forest();
Library.insertWord(dic1, new Value("小白", "userDefine", 1000));
Forest dic2 = new Forest();
Library.insertWord(dic2, new Value("杠精", "userDefine", 1000));
System.out.println(ToAnalysis.parse(str, dic1, dic2));
```

对/p,知识/nz,一知半解/a,的/u,人/n,，/wd,虽/c,不/d,至于/d,是/v,小白/n,，/wd,但/c,很多/ad,时候/n,却/c,是/v,十足/d,的/u,杠精/

图 2.13　Ansj 分词工具的分词功能代码与效果演示

IK Analyzer 是一款用 Java 开发的基于开源全文检索引擎工具包 Lucene 的分词工具，采用正向迭代最细粒度切分算法，支持字母、数字、中文词汇等的分词处理；支持用户自定义词典方式，并通过优化存储，节约存储空间；对查询分析器 IKQueryParser，采用歧义分析算法优化查询关键字的搜索排列组合，提高检索命中率。

Jcseg 是一款用 Java 开发的基于 mmseg 算法的中文分词工具，准确率超过 98%，它所采用的词库整合了《现代汉语词典》和 cc-cedict 辞典中的词条，并依据《中华同义词词典》为词条进行同义词标注，可以在分词的时候加入拼音和同义词到结果中。Jcseg 支持中文数字和中文分数识别，中英混合词和英中混合词的识别，支持英文（包括部分希腊文字母）、阿拉伯数字及中文数字、小数、基本单字单位的识别，并且在配对标点内容提取、停用词过滤、自动词性标注等方面均

表现出很强的性能。

2.5　本章小结

文本信息在被提取数值特征之后，方能进入到机器模型进行训练，文本预处理就是通过标记化、规范化、噪声清除等一系列环节，使文本成为表达形式标准、基本去除无用信息、方便特征统计的语言元素。分词是文本标记化的重要工作，机器文本处理的诸多应用领域，执行效果都依赖于前期分词的精度和速度，如机器翻译、搜索引擎、自动文本摘要、智能问答/对话系统、自然语言情感分类等。中文分词实现过程中面临的主要困难是歧义词句处理问题、分词规范问题，以及词结构变形问题，随着分词算法的不断改进和模型的合理选用，这些问题都在逐步得到较好的解决。中文分词方法大体上可划分成基于词典匹配的分词方法、基于特征统计的分词方法和基于深度学习的分词方法，本章花费了较大的篇幅介绍了前两种方法的原理与实现。机械分词将字串从不同的方向与词典中收录的语素进行匹配，采用最大匹配策略获取分词结果，它不需要大量复杂的计算，执行速度快，但在未登录词识别方面缺陷明显。统计分词则将词典词和未登录词平等看待，HMM、MEMM、CRF 等模型通过标注字串中每个字符的状态，来完成分词操作。本章在最后还介绍了 Jieba、Ansj 等基于上述方法设计的分词工具的简单使用和效果演示。

第 3 章　特征表示与降维

文本特征表示是将文本预处理后抽取出的元数据（即特征项）进行量化，以计算机能处理的、结构化的形式描述文本的信息。但文本特征往往是高维的这一特性，会降低分类算法效率和精度，因此在进行文本分类前，还需要使用文本特征提取或特征抽取算法对特征空间进行降维。

3.1　文本表示模型

计算机无法直接处理原始的字符文本，在进行分类之前，需要使用文本表示方法将其建模成分类器能够处理的结构化数据形式，同时尽可能多地保留原文本的内容的语义信息。常用的文本表示模型可分为 One-hot（独热）模型、向量空间模型、主题模型、神经网络模型四类，在介绍这几种模型之前首先了解文本表示中的几个基本概念。

文本（Document）：泛指一篇文章或文章的片段（如段落、句子）。在本章中，文档和文本不加区分。

特征项（Term）：在文本中出现且能够代表该文本含义的最基本单位，如字、词、短语等。即文本可以表示为 $D(t_1,t_2,\cdots,t_n)$，其中 t_i 表示各特征项。

特征项的权重（Term Weight）：用于表示该特征项在文本中的重要程度，特征项越重要，权重越大。

语料库（Corpus）：文本集合。

3.1.1　One-hot（独热）模型

在 One-hot 模型中，将词典中的每个词表示为一个高维的向量，向量仅有一个维度的值为 1，代表该单词（One-hot）在词典中的位置，其他维度均为 0。一篇文档包括的多个单词的向量组合，就是这篇文档的表示模型，累加对应的向量表示就是词袋（Bags of Words，BOW）表示。

这种 One-hot 模型简洁有效，但是存在两个问题：一是向量的维度即为词典的大小，词典中单词数目一般很多，计算时容易带来"维数灾难"；二是只考虑了词频，未考虑词间的次序及语义。

3.1.2　向量空间模型

最常用的文本表示模型是向量空间模型（Vector Space Model，VSM），该模型由 Salton 等人于 1975 年提出[9]，并成功地应用于著名的 SMART 文本检索系统。VSM 可以将文本转换为特征项的数字向量，便于计算机进行处理和计算。其数学定义如下：

假设特征向量空间 VS 中有 m 个文本，则每个文本 D 的维度是向量空间中全部文本所有不同特征项的总数量。

向量空间可以表示为：

$$VS = \{t_1, t_2, \cdots, t_n\} \tag{3-1}$$

式中　t_n——第 n 个特征项；

　　　n——向量空间中不同特征项的总数量。

文本 D 可以表示为：

$$D = \{(t_1, w_1), (t_2, w_2), \cdots, (t_n, w_n)\} \tag{3-2}$$

式中　w_n——第 i 个特征项的权重。

当向量空间确定后，文本表示模型的特征项及维数也就确定了。如果把 $t_1, t_2, \cdots, t_n$ 看成一个 n 维的坐标系，而 $w_1, w_2, \cdots, w_n$ 为相应的坐标值，那么文本 D 就可以表示为 n 维空间的一个向量。故式（3-2）可以改写为：

$$D = \{w_1, w_2, \cdots, w_n\} \tag{3-3}$$

图 3.1 给出了三维坐标系下的向量空间模型示意图。空间向量的所有文本的特征项数量为 3，每个文本表示为一个三维的向量。将文本映射为向量后，就可以使用数学中定义的各种向量距离计算方法，来解决文本分类中的文本相似度问题。

综上所述，向量空间模型的核心问题是特征项的选取及特征项权重的确定。权重是一个数量值，可以是文档中特征项的频率、平均出现频率等，关于权重的选择将在 3.2 节进行介绍。

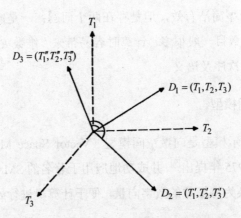

图 3.1   三维坐标系下的向量空间模型示意图

3.1.3   主题模型

主题（topic）在自然语言处理中，是指文本要表达的中心思想，是文本集的抽象表示[10]。表 3.1 是在某语料库中抽取的 5 个主题，其中主题 1 表示与"国家"相关的概念，主题 2 表示与"教育"相关的概念，主题 3 表示与"色彩"相关的概念，概念 4 表示与"足球"相关的概念，主题 5 表示与"医疗"相关的概念。

表 3.1   从某语料库中抽取的 5 个主题

主题	主题 1	主题 2	主题 3	主题 4	主题 5
特征项（概率从上到下递减）	法国	学生	红色	世界杯	医生
	欧洲	老师	绿色	欧洲杯	病人
	中国	学校	黄色	皇马	医院
	德国	学习	橙色	梅西	药品

主题模型是一种词袋（bag of words）模型，即文档是词的序列，且一篇文档中的单词可以交换顺序而不影响模型的训练结果。它将语料库的每一个文本文档转化为向量，而这个向量表示语料库中所有不同的单词在该文档中出现的频率。词袋模型忽略了词语在文档中的位置和文档在语料库中的位置，简化了问题的复杂性。

　　从统计模型的角度而言，主题可以看作语料库中所有单词的概率分布。主题模型是用于在语料库中抽取"主题"的统计模型，主要目的是使用数学和统计技术发现语料库中隐藏和潜在的语义结构。主题模型认为文档是从一个概率模型中生成出来的，并且有以下假设：

　　（1）文档是由主题构成的，可以看作一个关于主题的概率分布。

　　（2）主题是由词语构成的，是一个有关词语的概率分布。

　　当直接以词语作为特征项表示文档时，其维度可能是数以万计，通常主题数远小于词语的个数，因此使用主题模型表示文本可以解决高维度的问题，并且可以在语义层面更好地描述文档。

　　1990 年，Deerwester[11]等人首次将"语义"引入到文档与词语构成的模型，提出的潜在语义分析（Latent Semantic Analysis，LSA）模型可以看作主题模型的雏形。LSA 模型构建了一个文档与单词的共现矩阵，并使用矩阵分解和奇异值分解（Singular Value Decomposition，SVD）的数学框架来对原始矩阵降维，进而生成一组单词的集合，同一集合中的单词用来描述同一主题。这样就可以消除大部分同义词和多义词的冗余，实现语义连接。但是由于 LSA 模型不是概率模型，因此算不上真正的主题模型。

　　之后，学者们提出了多种构建主题模型的框架和算法，其中 Hofmann 提出的概率潜在语义分析（probabilistic LSA，pLSA）模型被看作第一个真正意义上的主题模型[12]；而 Blei 等人提出的潜在 Dirichlet 分布（Latent Dirichlet Allocation，LDA）模型是在 pLSA 模型的基础上扩展得到的更为完善的主题模型[13]，也是目前研究最多、应用最广泛的主题模型。因此本文选取这两种主题模型加以介绍。

1. pLSA 模型

　　同 LSA 模型相似，pLSA 模型寻找一个从单词空间（以不同的词作为特征项）到潜在语义（主题）空间的变换，但是 pLSA 模型是一个概率生成模型，且选择了不同的最优化目标函数，其概率模型图如图 3.2 所示，图中 d 代表文档标号，w 代表单词，实心表示这两个是可观察的变量；z 表示主题，

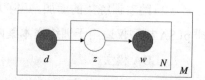

图 3.2　pLSA 模型的概率模型图

是隐含变量，M 表示文本数目，N 表示文本长度。假设文档、单词和隐含主题相互独立，文档和单词的联合概率 $P(d,w)$ 生成过程可表示为：

$$P(d,w) = P(d)\sum_z P(w|z)P(z|d) \tag{3-4}$$

式中　$P(d)$——抽取各文档的先验概率；

　　　$P(w|z)$——各主题下的单词概率分布；

　　　$P(z|d)$——各文档的主题概率分布。

pLSA 模型的文档生成过程描述如下：

（1）以 $P(d)$ 的先验概率选择出一篇文档 d。

（2）对选中的文档 d 的每个单词重复以下过程：

1）以 $P(z|d)$ 的概率选择一个隐含主题 z。

2）再以 $P(w|z)$ 的概率生成一个单词 w。

经过以上步骤，最终生成一篇含有 N 个单词的文档 d。pLSA 模型最终要求解的是 $P(z|d)$ 和 $P(w|z)$，这两个参数可以使用参数估计的期望最大化（Expectation Maximization，EM）算法计算得到。EM 算法在 1977 年由 Dempster 等人提出，是一种对具有隐变量的概率模型寻找极大似然估计的一般性方法，经过 E 步和 M 步两个步骤交替运算。E 步是计算期望，利用概率模型参数的估计值，计算隐变量的期望值；M 步是用观测数据和隐变量一起极大化对数似然，求解模型参数，然后基于得到的模型参数，迭代 E 步，M 步，…，直到模型参数基本不变，算法收敛，EM 算法的缺点是容易陷入局部最优。

pLSA 模型对主题的表示方式依然是矩阵的形式，作为矩阵维数的主题的数目是由用户设定的，这导致两个问题：

（1）pLSA 模型需要文本的先验概率，这个概率是在已有的语料库中得出来的；如果某文档未在语料库内，则无法选取合适的先验概率。

（2）随着训练集的增加，矩阵大小也在线性地增加，这会带来过拟合的问题，即 pLSA 模型仅适用于训练样本集内的文档，无法准确描述训练样本集外的文档。

2. LDA 模型

Blei 等人在 2003 年提出的潜在 Dirichlet 分布模型是在 pLSA 模型的基础上，用一个服从 Dirichlet 分布的 K 维隐含随机变量表示文档的主题概率分布，其中每个主题都由若干词项组成，且以一定的概率出现。其基本思想是：语料库中的文档都可以看作若干隐含主题构成的概率分布，每个主题是由若干个特定词汇组成的，且以一定的概率出现。最初的 LDA 模型只对文档-主题概率分布引入一个超参数使其服从 Dirichlet 分布，概率模型图如图 3.3 所示，图中 α 表示文档-主题概率分布，是 θ 的超参数；β 表示 $K \times V$ 的主题-词的概率矩阵，其中每行表示某个主题下所有词项的概率分布，K 是主题数目，V 是词项数目；θ 表示各主题的概率分布，与 α 和 β 是语料级参数不同，θ 是文本级变量；w 代表单词，实心表示这是可观察的变量；z 表示主题，是隐含变量，M 表示文档数目，N 表示文本中词的数目。

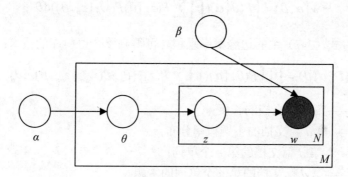

图 3.3　最初的 LDA 概率模型图

LDA 模型的文档生成过程描述如下：

（1）选择一篇文档 d，其长度 N 服从泊松分布。

（2）以 Dirichlet 分布 α 中，取样生成其主题概率分布 $P(\theta|\alpha)$。

（3）对选中的文档 d 的每个单词重复以下过程：

1）以 $P(z|\theta)$ 的概率选择一个隐含主题 z。

2）再以 $P(w|z, \beta)$ 的概率生成一个单词 w。

LDA 模型的两个参数 α 和 β 需要推断，在主题模型中，估计参数值通常选取整个语料库的概率作为优化目标函数，对目标函数进行最大化来估计 α 和 β 的数值，整个语料库的概率可通过以下计算获得。

（1）θ 服从 Dirichlet 分布，概率密度公式为：

$$P(\theta \mid \alpha) = \frac{\Gamma(\sum_{i=1}^{k} \alpha_i)}{\prod_{i=1}^{k} \Gamma(\alpha_i)} \theta^{\alpha_1 - 1} \cdots \theta^{\alpha_k - 1} \tag{3-5}$$

式中　α_k——主题 k 的 Dirichlet 分布；

　　　$\Gamma(\cdot)$——标准的伽马函数。

（2）θ 与主题 z，单词 w 的联合概率分布公式为：

$$P(\theta, z, w \mid \alpha, \beta) = P(\theta \mid \alpha) \prod_{n=1}^{N} P(z_n \mid \theta) P(w_n \mid z_n, \beta) \tag{3-6}$$

（3）对式（3-6）中的 θ 积分，并对 z 求和，可以得到文档的边缘分布：

$$P(w \mid \alpha, \beta) = \int P(\theta \mid \alpha) (\prod_{n=1}^{N} \sum_{z_n} P(z_n \mid \theta) P(w_n \mid z_n, \beta)) \mathrm{d}\theta \tag{3-7}$$

（4）对式（3-7）中的边缘概率求积，可得到整个语料库的概率：

$$P(D \mid \alpha, \beta) = \prod_{d=1}^{M} \int P(\theta_d \mid \alpha) (\prod_{n=1}^{N_d} \sum_{z_{dn}} P(z_{dn} \mid \theta_d) P(w_{dn} \mid z_{dn}, \beta)) \mathrm{d}\theta_d \tag{3-8}$$

式中　N_d——第 d 篇文档的长度；

　　　θ_d——第 d 篇文档的主题概率分布；

　　　w_{dn}——第 d 篇文档的第 n 个单词；

　　　z_{dn}——第 d 篇文档的第 n 个单词的主题。

　　得到整个语料库的概率后，可使用拉普拉斯近似、变分贝叶斯推断、马尔可夫链、蒙特卡罗方法等进行参数估计，得到 α 和 β 的近似值。主题模型训练完毕后，我们可以使用训练好的主题模型对新的文档样本进行推断，将单词空间表达的文档转换到主题空间，得到一个主题空间的低维表达。

　　Griffiths 等人于 2004 年对图 3.3 中的 β 施加 Dirichlet 先验分布[14]，对文档-主题概率分布和主题-词概率分布分别引入超参数使其服从 Dirichlet 分布，使得 LDA 模型更加平滑、完整，平滑后的 LDA 概率模型图如图 3.4 所示。图中 M 表示文档数目，N 表示文本中词的数目，K 表示主题的数目，w 和 z 表示单词和其对应的主题，φ 表示某主题中所有单词的概率分布，θ 表示某文档的所有主题概率分布，θ 和 φ 分别服从 α 和 β 的 Dirichlet 先验分布。需要特别注意的是，此处的 β 与图 3.3 中的 β 不同，图 3.3 中的 β 对应此处的 φ，从图 3.4 可以看出，α 和 β 控制 θ 和 φ，而 θ 和 φ 共同决定文本中的每个单词 w。

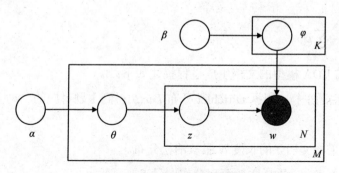

图 3.4　平滑后的 LDA 概率模型图

α 和 β 是 Dirichlet 分布的参数，通常是固定值且对称分布，因此用标量来表示，先验的 α 和 β 的经验取值一般为 $\alpha=50/K$，$\beta=0.01$，也可以使用语料库对 α 和 β 进行经验贝叶斯估计。

θ 和 φ 均服从 Dirichlet 分布，该分布函数的表达式为：

$$Dir(\mu\,|\,\alpha) = \frac{\Gamma(\alpha_0)}{\Gamma(\alpha_1)\cdots\Gamma(\alpha_k)}\prod_{k=1}^{K}\mu_k^{\alpha_k-1} \tag{3-9}$$

式中　$\Gamma(\bullet)$——标准的伽马函数；

μ_k——取值范围为 $[0,1]$，且 $\sum\limits_{k=1}^{K}\mu_k=1$；

α_0——$\sum\limits_{k=1}^{K}\alpha_k$。

对于文档 d，其所有变量的联合分布为：

$$P(w_d,z_d,\theta_d,\varphi\,|\,\alpha,\beta) = P(\varphi\,|\,\beta)\prod_{n=1}^{N_d}P(w_{dn}\,|\,\varphi^{z_{dn}})P(z_{dn}\,|\,\theta_d)P(\theta_d\,|\,\alpha) \tag{3-10}$$

将 z_d,θ_d,φ 消去，得到文档 w_d 的似然值为：

$$P(w_d\,|\,\alpha,\beta) = \iint P(\theta_d\,|\,\alpha)P(\varphi\,|\,\beta)\prod_{n=1}^{N_d}P(w_{dn}\,|\,\theta_d,\varphi^{z_{dn}})\mathrm{d}\varphi\mathrm{d}\theta_d \tag{3-11}$$

那么整个语料库的概率为：

$$P(D\,|\,\alpha,\beta) = \prod_{d=1}^{M}P(w_d\,|\,\alpha,\beta) \tag{3-12}$$

式中　$\Gamma(\bullet)$——标准的伽马函数；

μ_k——取值范围为 $[0,1]$，且 $\sum\limits_{k=1}^{K}\mu_k=1$；

$$\alpha_0 \underline{\quad\quad} \sum_{k=1}^{K} \alpha_k \ .$$

平滑后的 LDA 模型的文档生成过程描述如下：

（1）对主题采样，根据 Dirichlet 分布 $Dir(\beta)$ 得到主题对应的单词多项式分布向量 φ。

（2）使采样文档 d 的长度 N 服从泊松分布。

（3）根据 $Dir(\alpha)$ 采样主题概率分布向量 θ。

（4）对选中的文档 d 的每个单词重复以下过程。

1）从 θ 的多项式分布 $Mult(\theta)$ 中随机选择一个隐含主题 z。

2）从主题 z 的多项式条件概率分布 $Mult(\varphi)$ 中生成一个单词 w。

LDA 模型的关键变量是 θ 和 φ，直接或间接地通过最大化语料库概率值来求出其精确值是不现实的。通常采用近似参数估计的方法，如变分贝叶斯推断、期望传播和 Gibbs 采样。其中 Gibbs 采样描述简单且容易实现，是主题模型中最常采用的参数估计方法。

Gibbs 采样通过对主题 z 序列进行采样，得到 θ 和 φ 的估算值：

$$\hat{\varphi}_k^{(t)} = \frac{n_k^{(t)} + \beta_t}{\sum_{w=1}^{W} n_k^{(w)} + \beta_w} \tag{3-13}$$

$$\hat{\theta}_m^{(k)} = \frac{n_m^{(k)} + \alpha_k}{\sum_{z=1}^{K} n_m^{(z)} + \alpha_z} \tag{3-14}$$

其中　$\hat{\varphi}_k^{(t)}$——主题 k 中单词 t 的概率；

$n_k^{(t)}$——主题 k 中出现单词 t 的次数；

β_t——单词 t 的 Dirichlet 先验；

$\hat{\theta}_m^{(k)}$——文档 m 中主题 k 的概率；

$n_m^{(k)}$——文档 m 中出现主题 k 的次数；

α_k——主题 k 的 Dirichlet 先验。

与 pLSA 模型相比，LDA 模型是一个真正的主题生成模型，它将主题混合分布作为一个隐含的随机变量参数，而不是一组由训练样本集产生的独立参数，克服了传统的主题模型在训练过程中存在的过拟合及无法应用于新文档生成等问题。LDA 模型属于无监督的人工智能方法，无需人工干预，应用于提取数据量庞大的语料库中隐含的潜在语义信息时表现良好，被广泛应用于文本分类、信息检索等自然语言处理领域。

3.1.4　神经网络模型

神经网络模型通过神经网络将文本映射到一个低维、连续的空间。目前该方法大多基于文档的上下文进行建模。目前，词向量（Word Embedding）、基于深度学习的神经网络模型和注意力模型（Attention Model）是神经网络在自然语言处理中的研究热点。

1. 词向量

词向量最初的实现形式是 2003 年 Bengio 等人提出的神经概率语言模型（Neural Probabilistic Language Model，NPLM）[15]，结合图 3.5 所示的三层神经网络并沿用了 n-gram 模型的思路，将目标词的前 $n–1$ 个单词作为输入，通过建模上下文的关系，预测下一个可能会出现的单词。所谓词向量，是一种低维、连续的实数向量，如[0.79, –0.17, –0.11,0.11, –0.54]，可以通过向量距离来表示单词之间的语义关联性，用这种方法表示的向量，"麦克风"和"话筒"的距离应该远小于"麦克风"和"显示器"。介绍 NPLM 模型之前，我们先介绍一下有关 n-gram 模型的知识。

（1）n-gram 模型。n-gram 模型是一种统计语言模型，它基于这样一种假设：第 n 个单词（英文中的最小语言单元为单词，而在汉语中可以是字）的出现只与前 $n–1$ 个单词相关，而与其他任何单词都不相关。句子的概率是各单词出现的概率的乘积，数学定义如下。

假设有 m 个单词组成的句子 $S = (w_1, w_2, \cdots, w_m)$，该句子出现的概率可以表示为：

$$P(S) = P(w_1 w_2 \cdots w_m) \tag{3-15}$$

由于每个单词 w_m 都要依赖于从第一个单词 w_1 到它前一个单词 w_{m-1} 的影响，使用贝叶斯公式表示为：

$$P(S) = P(w_1w_2\cdots w_m) = P(w_1)P(w_2\mid w_1)\cdots P(w_m\mid w_{m-1}\cdots w_2w_1) \qquad (3\text{-}16)$$

如果对每个单词的计算都要考虑前面所有单词，会导致参数空间过大，因此在实际应用时，一般引入马尔可夫假设求取其近似解。马尔可夫假设认为，一个单词的出现仅与其之前的若干个单词有关，如果单词的出现与其之前的 n 个单词有关，则称为 n-gram 模型，数学上表示如下：

$$P(w_1w_2\cdots w_m) = \prod_{i=1}^{m} P(w_i\mid w_{i-n+1}\cdots w_{i-2}w_{i-1}) \qquad (3\text{-}17)$$

式（3-17）中每一项条件概率的计算都可以通过极大似然估计（Maximum Likelihood Estimation，MLE）计算得出。

（2）NPLM 模型。Bengio 提出使用三层神经网络构建的 n-gram 模型，是神经网络与语言模型训练结合的新里程碑。该模型如图 3.5 所示，图示最下方的 $w_{t-n+1},\cdots,w_{t-2},w_{t-1}$ 表示前 n-1 个单词；$|V|\times m$ 的词特征矩阵 C，其中 $|V|$ 是词典的大小，m 是对应的词向量的维度，一般取值在 50～1000 之间；$C(i)$ 是矩阵 C 的第 i 行向量，表示单词 i 对应的词特征向量。

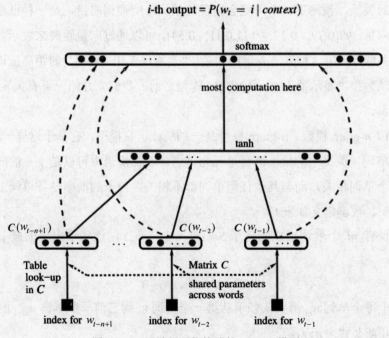

图 3.5　三层神经网络构建的 n-gram 模型

神经网络的输入层将 $C(w_{t-n+1}),\cdots,C(w_{t-2}),C(w_{t-1})$ 级联起来，表示为向量 $\boldsymbol{x}$：

$$\boldsymbol{x} = (C(w_{t-1}),C(w_{t-2}),\cdots,C(w_{t-n+1})) \tag{3-18}$$

隐藏层使用 tanh 函数作为激活函数，基于 $d+\boldsymbol{Hx}$ 计算直接得到结果：其中 $\boldsymbol{H}$ 是隐藏层的权重矩阵，d 是隐藏层偏置项。

输出层选用 softmax 函数保证输出概率值总和为 1，即：

$$\hat{P}(w_t \mid w_{t-1},\cdots,w_{t-n+1}) = \frac{\mathrm{e}^{y_{w_t}}}{\sum_i \mathrm{e}^{y_i}} \tag{3-19}$$

式（3-19）中 y_i 是每个输出单词 i 的非规范化 log 概率，通过计算可得：

$$y = b + \boldsymbol{Wx} + \boldsymbol{U}\tanh(d+\boldsymbol{Hx}) \tag{3-20}$$

其中　　U——隐藏层到输出层的权重矩阵；

　　　　b——输出偏置项；

　　　　W——单词特征到输出层的权重矩阵。

该模型时间复杂度较高，主要原因是由于考虑当前次的上文语序信息，且使用传统的 softmax 作为输出层导致运算量过大。为克服该类模型的缺点，后续的研究者做了大量的工作。

（3）Word2Vec 模型。2013 年，Mikolov 等人提出了连续词袋（Continuous Bag Of Words，CBOW）模型和 Skip-gram 模型[16,17]，并从十多亿词的 Google 新闻单词中训练出单词的向量表示——Word2Vec，这一词向量之后被广泛应用到自然语言处理领域。这两种模型都包含三层架构，分别为：输入层、投影层和输出层，不同的是 CBOW 模型在已知当前单词 $w(t)$ 的上下文 $w(t-2)$, $w(t-1)$, $w(t+1)$, $w(t+2)$ 的前提下预测 $w(t)$，如图 3.6（a）所示；而 Skip-gram 模型是在已知当前单词 $w(t)$ 的前提下，预测其上下文 $w(t-2)$, $w(t-1)$, $w(t+1)$, $w(t+2)$，如图 3.6（b）所示。相比于 CBOW 模型，Skip-gram 模型训练得到的词向量效果更好。

CBOW 和 Skip-gram 模型删除了 NPLM 的隐藏层，忽略了词序对于词向量的影响，在输出层采用层次化的 softmax（Hierarchical softmax）或负采样（Negative sampling）进行加速，降低了计算的时间复杂性。

层次化的 softmax 采用一棵哈夫曼树实现多层的 softmax 分类，以语料库中出现的词语作为叶子结点，以词频为权重构成，其中叶子结点的数量是语料库词典的长度。使用哈夫曼树代替传统的神经网络可以提高训练速度，但对生僻词的运算量加大。负采样摒弃了哈夫曼树，采用负采样和二元逻辑回归的方法求解模型参数，相当于一种简化的方式。

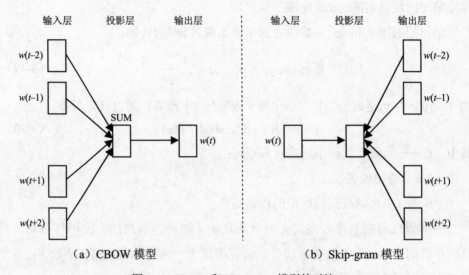

（a）CBOW 模型　　　　　　　　（b）Skip-gram 模型

图 3.6　CBOW 和 Skip-gram 模型的对比

但 Word2Vec 模型也存在缺陷：未考虑单词内部的形态特征，如"apple"和"apples"，尽管内部形态类似，但是标准的 Word2Vec 模型却将它们转换为不同的 id，造成了内部形态信息的丢失。

（4）Doc2Vec 模型。2014 年，Mikolov 等人延续 Word2Vec 模型的思想，提出了特征向量模型 Doc2Vec[18]，又称 paragraph vector，其核心思想是将每个文档看成一个大文档的段落：先将每个单独的文本变成一个段落并赋予唯一的 ID 标识，在原 Word2Vec 模型基础上加入此 ID 信息来进行训练。Doc2Vec 模型最大的优势在于增加了词序和语义的分析。同 Word2Vec 模型类似，Doc2Vec 模型的隐藏层技术也有两种模型：DM（Distributed Memory）模型和 DBOW（Distributed Bag of Words）模型，如图 3.7 所示。

DM 模型与 Word2Vec 模型的 CBOW 模型类似，其目的是根据上下文及段落向量预测单词的概率；DBOW 模型与 Word2Vec 模型的 Skip-gram 模型类似，其目的是给定段落向量的情况下预测段落中一组随机单词的概率。在 Doc2Vec 模型的训练过程中，段落的 ID 保持不变，共享同一个段落向量，相当于在预测单词概率时利用整个句子的语义。

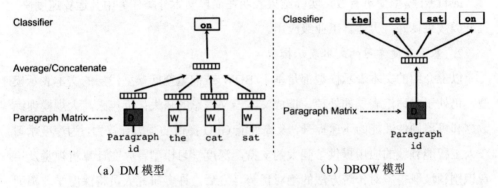

（a）DM 模型　　　　　　　　　（b）DBOW 模型

图 3.7　DM 和 DBOW 模型的对比

使用 Doc2Vec 训练完成后，段落向量可以看作段落的特征项，将这些特征项输入到各种常见的机器学习模型中，可以进行有监督的机器学习。

（5）fastText 模型。fastText 模型是 Facebook 公司在 2016 年开源的基于 Word2Vec 模型的文本分类器，其特征是保证分类效果的同时，大大提高训练速度[19]。fastText 模型如图 3.8 所示，与 Word2Vec 模型的 CBOW 模型架构类似，分为输入层、隐藏层和输出层。不同之处在于 fastText 模型预测的是标签（label），而 CBOW 模型预测的是中间词（middle word）。

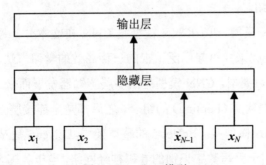

图 3.8　fastText 模型

fastText 模型的输入层中 $x_1, x_2, \cdots, x_N$ 表示的是文本的 n-gram 特征向量，与 CBOW 模型相比保留了局部词序；隐藏层采用单层的神经网络学习，输出层采用基于哈夫曼树的层次化的 softmax，每个叶子结点表示一个类标签，最终输出的是待预测文本归属的类标签及其概率。

fastText 模型简单有效，实验结果表明在简单文本分类任务中其运算速度快，且分类效果良好，更适合工业级应用。

2. 基于深度学习的文本表示模型

以上介绍的文本表示模型都是基于 BOW 或向量空间模型浅层的文本表示模型，仍处于对词汇表层的处理，造成文本语义信息的缺失；近年来，大规模训练数据和机器硬件性能的飞速提升，及高性能 GPU 提供的强大计算力，为深度学习在人工智能领域的应用提供了强大的支持。深度学习模型首先在计算机视觉及语音识别领域取得了对传统方法的绝对优势，之后，许多研究人员将深度学习模型应用到自然语言处理领域。2014 年，Kim 提出了将卷积神经网络（Convolutional Neural Networks，CNN）模型应用到句子分类中的 TextCNN 模型，实验结果表明其在多种分类任务中均取得显著效果。2016 年，Liu 等人发现循环神经网络（Recurrent Neural Networks，RNN）的变种，长短期记忆（Long Short-Term Memory，LSTM）模型在执行文本分类时性能表现良好。由于在文本分类领域，CNN 和 LSTM 这两种深度学习模型应用最多，且 2016 年，Yang 等人提出了 HAN 模型，证明使用深度学习模型配合注意力机制（Attention Mechanism，AM）重点关注某些词汇，可以得到更好的文本表示。下面将主要对 TextCNN、LSTM、HAN 这三种模型进行介绍。

（1）TextCNN 模型。TextCNN 模型是 CNN 在文本分类领域的应用模型。CNN 是近年来发展起来并引起广泛重视的一种高效的学习方法，是目前应用最为广泛的一种深度学习模型。CNN 模型是由多层感知器发展而来，包含多个卷积层（Convolution）和池化层（Pooling）的组合，之后都是全连接层（Full Connection），图 3.9 是最早的 CNN 模型——LeNet-5 的整体架构。LeNet-5 是 Yahh Lecun 等人[22]在 1998 年设计的用于手写数字识别的卷积神经网络，当年美国大多数银行就是用它来识别支票上面的手写数字的。图 3.9 中，下采样层（Subsampling）就是池化层，所谓池化，实际上就是对原图片进行采样的过程，在降低输出结果维度的同时，还能最大程度地保留显著特征。池化函数应用较为广泛的是最大池化（max pooling）和平均池化（average pooling），即选取区域中最大值或平均值作为输出，LeNet-5 中使用的是平均池化。LeNet-5 有 2 个卷积层、2 个池化层和 3 个全连接层。第一层——卷积层 C1，使用 5×5 的卷积核矩阵对 32×32 的单通道输入图像进行卷积，卷积后形成 6 个特征图谱，每个特征图谱大小是 28×28；第二层——池化层 S2，对上层产生的 6 个特征图谱分别进行 2×2 为单位的下采样得到 6 个 14×14 的图；第三层——卷积层 C3，与 C1 类似，得到 16 个 10×10 的图；第四层——池化层 S4，与 S2 类似，通过下采样得到 16 个 5×5 的图；第五层——全连接层 C5，由于 S4 的 16 个图的大小为 5×5，与卷积核的大小相同，所以卷积运算后形成的图的大小为 1×1，此处共形成 120 个特征图谱，这一层虽然进行卷积运算，但是已经与 S4 全连接了；第六层——全连接层 F6，共 84 个神经元（unit），每个神经元与 C5 进行全连接；第七层——输出层，该层同时也是全连接层，与 F6 全连接，由欧式径向基函数（Euclidean Radial Basis Function）单元组成，共有 10 个神经元，分别代表数字 0 到 9，如果神经元 i 的输出值为 0，则识别的结果是数字 i。

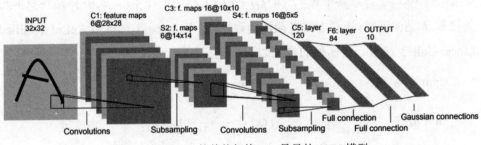

图 3.9　LeNet-5 的整体架构——最早的 CNN 模型

在图像处理任务中，CNN 模型输入是以像素点为单位进行一系列操作运算的，而在自然语言处理任务中，是以词向量为单位。这里的词向量表示方法可以是 One-hot 的形式，也可以是由 Word2Vec 模型训练得到的形式。图 3.10 是 Kim 用于句子分类时采用的单层 CNN 模型，又称 TextCNN 模型，该模型很简单，只有一对卷积层和池化层，但分类效果表现良好。假设句子有 n 个词（即长度为 n），语料库中词的维度为 k，那么第一层的输入层输入的是由 Word2Vec 模型训练得到的 $n×k$ 维的词向量。

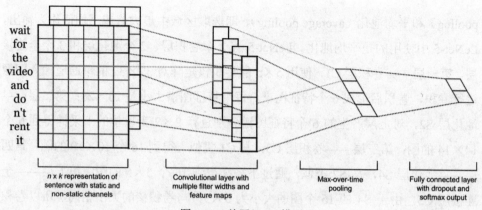

图 3.10 单层 CNN 模型

第二层是卷积层，卷积层采用的卷积核与图像正方形的卷积核不同，文本任务中输入的卷积核只在高度上滑动，宽度等于词向量的维度 k，也就是每次卷积都是整行进行的，通过卷积运算得到的特征图行数是与输入的句子长度相关的，列数为 1。卷积后通过激活函数得到特征值，假设卷积核窗口值为 h，那么长度为 n 的句子就有 $\{x_{1:h}, x_{2:h+1}, \cdots, x_{n+h+1:n}\}$ 这些词汇视野，卷积后的结果就是特征图 $c = [c_1, c_2, \cdots, c_{n-h+1}]$，其中 $c_i = \sigma(w \cdot e_i) + b, i = 1, 2, \cdots, n-h+1$。式中 w 是卷积单元的权重，b 是偏置项；σ 是非线性激活函数，一般为 sigmoid、tanh 或 ReLu（Rectified Linear Units）函数。各函数的定义如下：

sigmoid 函数：
$$f(x) = \frac{1}{1 + e^{-x}}$$

tanh 函数：
$$f(x) = \frac{2}{1 + e^{-2x}} - 1$$

ReLu 函数：
$$f(x) = \max(0, x)$$

在文本任务中，为充分考虑每个词的前后文信息，需要提取多种类型的局部特征，这通过改变窗口值 h 的大小，设计不同大小卷积核实现。Kim 在论文中设计 h 值分别为 2,3,4，且每个 h 值分别提取 100 张特征图，共 300 张。

第三层是池化层，池化层采用最大池化的方法，提取每个特征图中的最大值，得到一个 300 维的列向量，作为文本的特征表示。

第四层是通过全连接层连接的 Softmax 层，起到分类器的作用（Softmax 分类器的工作原理将在第 4 章介绍）。在 Softmax 层中输入的是文本的特征向量，输出结果是属于各类别的概率。

图 3.10 所示的模型，一般认为是 CNN 模型在自然语言处理应用中的第一个模型，之后 CNN 模型在自然语言处理应用的研究基本都是以该模型作为实验参照：改造卷积层、改造池化层、与其他的深度学习模型（如与 LSTM 模型）结合等，以便更好地提取文本特征。

越来越多的研究证明，很多之前在自然语言处理应用中较为棘手的问题通过 CNN 模型得以解决。一般认为 CNN 模型的缺点在于无法考虑长距离的依赖信息，且没有考虑词序信息，在有限的窗口下提取句子特征，会损失一些语义信息。

（2）LSTM 模型。LSTM 模型使用 RNN 模型构建语言模型。大多数语言模型仅能捕捉与目标单词相邻的有限个上下文单词对目标单词的影响，而距离较远的上下文不在考虑范围内，这显然不符合真实的自然语言情境。比如之前介绍的 CNN 模型每一层的输出只能作为下一层的输入，但是每层内的结点是无连接的，导致在序列数据建模时不准确。而 RNN 模型可以建模序列数据中不同时刻数据之间的依赖关系，如图 3.11 所示。RNN 模型包含输入层、隐藏层和输出层，且隐藏层的结点之间是相互连接的。输入层第 t 步的输入用 x_t 表示，其中 $t=1,2,3,\cdots$。x_t 一般为一个文档第 t 个单词的词向量；隐藏层第 t 步的状态用 s_t 表示，通俗地说，s_t 表示 t 时刻的记忆；输出层第 t 步的输出用 o_t 表示，由图 3.11 可以看出，隐藏层状态 s_t 包含了它前边所有步的隐藏层状态，输出层 o_t 又和 s_t 有关。这样，RNN 模型当前结点的输出依赖于上下文信息，使用 RNN 模型建立语言模型可以更有效地表征特征向量，图 3.12 是传统 RNN 模型在文本分类中的应用[21]，图中 h_n（$n=1,2,\cdots,T$）表示隐藏状态向量，使用一个 RNN 模型输入序列，映射为固定大小的输出向量作为特征向量，然后通过 softmax 层进行分类或其他文本任务。

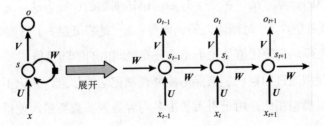

图 3.11 RNN 模型

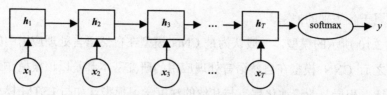

图 3.12　传统 RNN 模型在文本分类中的应用

　　但当输入长序列时，RNN 模型存在梯度消失问题，很难解决学习数据间的长期依赖问题，之后研究者相继提出了一些 RNN 模型的变种，其中最著名的模型之一是 LSTM 模型。LSTM 模型在算法中加入了记忆细胞机制解决了传统 RNN 模型的问题，使得 RNN 模型可以记忆长期的信息。LSTM 模型的一个记忆单元（memory block）包括一个或多个记忆细胞（memory cell）和若干个控制门（gate），记忆单元使用控制门控制历史信息的保留或丢弃，LSTM 模型的记忆单元结构如图 3.13 所示，主要包括输入门（input gate）i，输出门（output gate）o，遗忘门（forget gate）f 和记忆细胞 c，这三种门作用在记忆细胞上构成 LSTM 模型的隐藏层，通过 Sigmoid 函数选择性地增加和去除通过记忆单元的信息。其中，输入门用于控制输入信息的保留或丢弃；输出门用于控制输出信息的保留或丢弃，遗忘门则用于控制记忆细胞的保留或丢弃。图 3.13 所示的 LSTM 模型函数为：

$$i_t = \sigma(W_{xi}x_t + W_{hi}h_{t-1} + W_{ci}c_{t-1} + b_i) \tag{3-21}$$

$$f_t = \sigma(W_{xf}x_t + W_{hf}h_{t-1} + W_{cf}c_{t-1} + b_f) \tag{3-22}$$

$$c_t = f_t c_{t-1} + i_t \tanh(W_{xc}x_t + W_{hc}h_{t-1} + b_c) \tag{3-23}$$

$$o_t = \sigma(W_{xo}x_t + W_{ho}h_{t-1} + W_{co}c_t + b_o) \tag{3-24}$$

$$h_t = o_t \tanh(c_t) \tag{3-25}$$

式（3-21）至式（3-25）中，σ 是 Sigmoid 函数，输出范围为[0,1]，其中值为 1 表示全部通过，值为 0 表示全部丢弃；i_t、f_t、o_t 分别表示 t 时刻的输入门、遗忘门和输出门的计算方法；c_t 是 t 时刻的记忆细胞的计算方法；x_t 是 t 时刻的输入，在文本任务中，是 t 时刻输入的词向量；h_{t-1} 是隐藏层 $t-1$ 时刻的输出；W_* 是对应的权重矩阵，初始化值是属于正态分布区间[0,1]的随机值；b_* 是偏置项。

　　LSTM 模型通过门控机制来保留需要长期记忆的信息，忘记不重要的信息，但是与 RNN 模型相比，由于引入了很多内容导致参数变多，使得训练难度加大了很多。

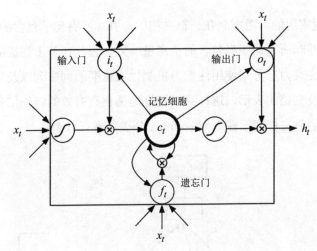

图 3.13   LSTM 模型的记忆单元结构

2014 年由 Chung 等人提出了 LSTM 模型的一个简化版本模型——门限循环单元（Gated Recurrnt Unit，GRU）[25]，这种模型既保留了 LSTM 模型的分类效果，又使得模型结构更加简单，同时节省了大量训练时间，由于篇幅原因，本书不展开来详细介绍。

（3）HAN 模型。2016 年 Yang 等人提出了多层注意力网络模型（Hierarchical Attention Networks，HAN），将深度学习与注意力机制结合应用于长文档的文本分类，实验结果证明分类效果良好。注意力机制最早应用在计算机视觉领域，研究动机是受人类注意力机制的启发：人们在进行观察图像的时候，并不是一次就把整幅图像的每个位置像素都看过，大多是根据需求将注意力集中到图像的特定部分，并会根据之前观察的图像学习到未来要观察图像注意力集中的位置。

在自然语言处理领域，注意力机制最先应用在机器翻译任务中，解决了 Seq2seq 中的 encoder 过程把源序列映射成固定大小的向量存在信息损失的情况。接着，注意力机制被推广到如文本分类等其他自然语言处理领域的任务中，2016 年 Yang 等人提出了多层注意力网络[26]，实验结果证明应用于长文档的文本分类时分类效果良好。多层注意力网络由 GRU 模型和注意力机制组合而成，如图 3.14 所示。整个网络自下而上分为 4 个部分：词序列编码器、基于词级的注意力层、句子编码器和基于句子级的注意力层，其中词序列编码器和句子编码器都是基于双向 GRU 模型实现的。考虑到在一篇文档中，并非所有句子包含的信息量一致，而一句话中，并非所有词序列包含的信息量一致，因此在基于词级的注意力层和基于句子级的注意力层分别使用注意力机制抽取重要的词序列以及句子分别作为句子的表示以及文档的表示，这样可以较好地捕捉到有效的特征信息，忽略无意义的输入。最后将文档表示输入到 softmax 分类器进行分类。

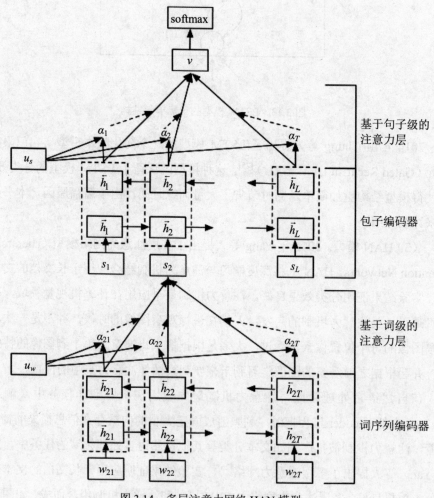

图 3.14　多层注意力网络 HAN 模型

注意力机制一般与 CNN 或 RNN 模型配合使用，可以赋予重要的词更大的权重，进一步优化特征向量，进而提高文本分类的准确率。

3.2 特征空间降维

在文本分类中，文本表示后的特征空间维数动辄成千上万，这对于大多数分类器来说，是难以承担的：高维的特征空间会干扰训练效果，降低分类性能。而合理的降维方法可以使多数分类器呈现出随特征项增加，效果快速提高并迅速趋于平稳的特性。降维不是简单地在原始特征空间随机抽取部分特征项，而是选择一部分重要的特征项，去除噪声和不重要的特征项，在不损害分类效果的前提下，组成一个新的低维空间。在实际应用中，降维可以在一定的信息损失范围内，节省算法的开销。为了达到最佳的降维效果，各种降维方法被提出并应用于文本分类[27-30]。根据降维后特征集的本质进行划分，文本特征空间降维的方法可以分为特征选择（Feature Selection）和特征提取（Feature Extraction）两类。采用特征选择方法降维后，得到的特征集合是原始特征集的一个真子集；采用特征提取方法降维后，得到的特征集合中的特征不再是原始特征集中的特征，而是某些特征组合或转换成的新特征。下面分别介绍几种常见的特征选择和特征抽取方法。

3.2.1 特征选择

当前使用向量空间模型表示文本时，研究人员广泛使用评估函数来度量特征项的重要程度（权重），然后根据权重对所有的特征项从大到小排序，选择出前 k 个特征构成特征子集，达到降维的目的。下面列举一些在文本分类中常用的特征选择评估函数。

1. 文本频率（Document Frequency，DF）

某特征项的 DF 是指训练样本中包含该特征项的文本数。计算式为：

$$DF(t) = d_t \qquad (3-26)$$

其中　t——文本中某特征项；

　　　d_t——特征项 t 的 DF；文本集中有一个文本包含此特征项，则 d_t 自增 1，否则不变。

DF 法认为特征项的 DF 越高，代表此特征项越重要。通过设置阈值，DF 低于阈值的特征项为低频项，这样的特征项含有较少的类别信息，可以把它们从原始特征空间中删除，达到降维的目的。

DF 计算的时间复杂度与文档数量成线性关系，是最简单的特征选择技术。但是它也有缺点：在文本集中出现次数较少，但是对分类更有意义和有效的特征项可能会被删除，最终可能会影响分类效果。在实际应用中，DF 一般不单独使用，而是和其他评估函数一起使用。

2. 词频-逆文本频率（Term Frequency-Inverse Document Frequency，TF-IDF）

在某文本中，TF 是指特征项在该文本中出现的原始频率值，一般来说，特征项出现频率越高，其重要性程度越大；IDF 是每个特征项的逆文本频率，它认为当一个特征项在文本集中的多个文本中都出现，则该特征项的区分能力也在减弱，对分类来说帮助越小，应该降低其权重。

TF-IDF 权重同时考虑了特征项对单个文本的影响力及其对整个文本集的影响力。在数学上，使用词频和逆文本频率这两个度量的乘积来表示，TF-IDF 的计算式为：

$$\text{TF-IDF}(t) = \frac{c_t}{\sum\limits_{t=1}^{n} c_t} \times \log\left(\frac{n}{d_t} + \alpha\right) \tag{3-27}$$

其中　t——文本中某特征项；

c_t——特征项 t 在文本中出现的次数；

n——文本集中文本的总数；

$\dfrac{c_t}{\sum\limits_{t=1}^{n} c_t}$——归一化处理后的特征项 t 的词频；

d_t——特征项 t 的文本频率；

α——经验常数，通常取 0.01。

TF-IDF 在特征权重函数计算中取得了较好效果，将特征权重计算应用于特征提取，是目前较常用的特征提取方法，在文本分类领域得到广泛应用。传统的 TF-IDF 容易忽略特征项在某一类中经常出现，而在其他类中很少出现的情况，有学者研究发现，结合距离向量的计算改进传统的 TF-IDF，可以得到很好的分类效果。

3. 信息增益（Information Gain，IG）

IG 是一种基于信息熵的评估方法，它定义了特征项 t 在文本中出现与不出现的信息熵之差（Information entropy）。计算式为：

$$\mathrm{IG}(t) = -\sum_{i=1}^{m} P(c_i)\log P(c_i) + P(t)\sum_{i=1}^{m} P(c_i \mid t)\log P(c_i \mid t)$$
$$+ P(\overline{t_k})\sum_{i=1}^{m} P(c_i \mid \overline{t_k})\log P(c_i \mid \overline{t_k}) \qquad (3\text{-}28)$$

其中 c_i——文本样本归属于第 i 类；

     m——文本类别数；

     $P(c_i)$——在训练文本集中，文本属于第 c_i 类的概率；

     $P(t)$——特征项 t 在训练文本集中出现的概率；

     $P(\overline{t})$——特征项 t 不在训练文本集中出现的概率；

     $P(c_i \mid t)$——特征项 t 出现的前提下文本属于第 c_i 类概率；

     $P(c_i \mid \overline{t})$——特征项 t 不出现的前提下文本属于第 c_i 类概率。

特征项的 IG 值越大，代表此特征项越重要，对分类的贡献也就越大。通过设置阈值，将 IG 值小于阈值的特征项删除掉，达到空间降维的目的。

4. 卡方统计（Chi-square Statistic，CHI）

CHI 基于概率论中的假设检验思想，使用 χ^2 统计量度量特征项 t 与文本类别 c 之间的相关程度——若 χ^2 统计值越大，则认为两者相关性越大，即该特征项携带的类别信息就越多，对分类贡献越大。CHI 的计算式为：

$$\chi^2(t,c) = \frac{N(n_1 n_4 - n_2 n_3)^2}{(n_1 + n_2)(n_3 + n_4)(n_1 + n_3)(n_2 + n_4)} \qquad (3\text{-}29)$$

其中 n_1——文本集类别 c 中包含特征项 t 的文本数量；

     n_2——文本集除了类别 c 之外的所有其他类别中包含特征项 t 的文本的总数量；

     n_3——文本集类别 c 中不包含特征项 t 的文本数量；

     n_4——文本集除了类别 c 之外的所有其他类别中不包含特征项 t 的文本的总数量；

     N——文本集中包含的文本总数。

当特征项 t 和类别 c 相互独立时，CHI 值为 0，此时特征项不包含任何与类别相关的信息。对于多分类问题，可使用特征项在所有类别中的平均 χ^2 值来评价特征对分类的贡献度，计算式为：

$$\chi_{\text{avg}}^2(t,c_i) = \sum_{i=1}^m P(c_i)\chi^2(t,c_i) \tag{3-30}$$

其中　m ——文本集中的文本类别；

　　　$P(c_i)$ ——文本为类别 c_i 的先验概率。

通过设置一个阈值，从原始特征空间中移除低于设定阈值的特征项，保留高于该阈值的特征项，达到降维的目的。

5. 互信息（Mutual Information，MI）

在文本分类中，MI 用来衡量特征项 t 和类别 c 之间的关联性。特征项 t 和类别 c 的互信息计算式为：

$$\text{MI}(t,c) = \log \frac{P(t \cap c)}{P(t)P(c)} \tag{3-31}$$

式中　$P(t \cap c)$ ——包含特征项 t 且类别为 c 的文本在文本集中出现的概率；

　　　$P(t)$ ——特征项 t 出现的概率；

　　　$P(c)$ ——文本为类别 c 的先验概率。

从 MI 的计算式可以看出，特征项与类别出现的概率越大，MI 也就越大，当特征项与类别无关时，MI 为 0。因此可以根据 MI 值来挑选出对分类有益的特征项，将低于特定阈值的特征项从原始特征空间移除，降低特征空间维度。当用于多分类问题时，与卡方统计类似，使用平均 MI 来衡量。假设有 m 个文本类别，那么特征项 t 和 m 个类别有 m 个 MI，计算式为：

$$\text{MI}_{\text{avg}}(t,c_i) = \sum_{i=1}^m P(c_i)\text{MI}(t,c_i) \tag{3-32}$$

但是由于 MI 计算时倾向于选择低频词：相同的共现概率情况下，$P(t)$ 越小的特征项对应的 MI 值越大，而低频词有可能是噪声，因此在文本分类中使用 MI 作为特征选择函数，难以达到理想的分类效果。

6. 期望交叉熵（Expected Cross Entropy，ECE）

ECE 反映了文本类别的概率分布和在出现了某个特征项 t 的条件下文本类别的概率分布之间的距离。计算式为：

$$\text{ECE}(t) = P(t)\sum_{i=1}^{m} P(c_i|t)\log\frac{P(c_i|t)}{P(c_i)} \tag{3-33}$$

其中　c_i——文本样本归属于第 i 类;

　　　m——文本类别数;

　　　$P(c_i)$——在训练文本集中,文本属于第 c_i 类的概率;

　　　$P(c_i|t)$——特征项 t 出现的前提下文本属于第 c_i 类概率;

当特征项 t 与文本类别 c_i 强相关,也就是 $P(c_i|t)$ 大,$P(c_i)$ 越小,那么该特征项对分类的影响就大,导致 ECE 值就大。ECE 小的特征项被过滤掉,达到降维的目的。与 IG 不同,ECE 没有考虑未出现在文本中的特征项。

7. 几率比(Odds Ratio,OR)

OR 又称优势率,特征项 t 的 OR 的计算式为:

$$\text{OR}(t) = \log\frac{P(t|pos)(1-P(t|neg))}{P(t|neg)(1-P(t|pos))} \tag{3-34}$$

其中　pos——目标类别;

　　　neg——非目标类别;

　　　$P(t|pos)$——文本属于目标类别的情况下,特征项 t 出现的概率;

　　　$P(t|neg)$——文本不属于目标类别的情况下,特征项 t 出现的概率。

由式(3-34)可以看出,OR 只关注是否属于目标类别,不像其他的评估函数平等对待各个类别,因此 OR 更适用于二元分类。OR 越大的特征项,对于正确分类的作用也就越大。

以上是在文本分类中常用的特征项评估函数方法,这些方法有个共同的前提就是假设各特征项间是互相独立、正交的。每种评估方法都有其优缺点,没有公认的最优方法,在实际使用中需要针对具体的系统进行对比,确定最优的评估函数。

3.2.2　特征提取

特征提取是将原始的特征空间组合变换后重新生成维数更小、特征间更独立的新特征空间。特征提取的方法有很多种,可以分为基于语义的特征提取方法和基于多元统计理论的特征提取方法。之前介绍的 LSI 文本表示模型,对文本中的近义词进行了综合，产生了"主题"这种新的特征项，降低了特征项的空间维度，有些研究中将其归属于基于语义的特征提取方法；接下来介绍一种应用最广泛的基于多元统计理论的数据降维方法：主成分分析（Principal Component Analysis，PCA）。

PCA 最早应用在人脸识别中，核心思想是通过计算特征项的协方差矩阵将高维的向量变换到低维空间，且低维空间的各维度不相关。其理论基础是最大方差理论：信号传输中方差较大的是信号，方差较小的是噪声。通过 PCA 处理后，保留方差较大的项作为主成分，删除方差较小的项。

PCA 计算过程：假设文本集中文本数为 m，每个文本的特征项为 n，那么文本集可用 $m \times n$ 的矩阵来表示，该矩阵的每个列向量表示某特征项在文本集中所有文本的取值，那么该矩阵可以描述为 $\boldsymbol{D} = (T_1, T_2, T_3, \cdots, T_n)$，其中的特征项 T_i 可以用一个 m 维的列向量来表示。

（1）特征中心化，分别求取每个特征项的均值 $\overline{t_i}$，则有：

$$\overline{t_i} = \frac{1}{m} \sum_{j=1}^{m} t_{ji} \tag{3-35}$$

其中　　t_{ji}——第 j 个文本的第 i 个特征项的值；

　　　　i——特征项个数，分别取 $1, 2, \cdots, n$。

（2）用各特征项值减去均值 $\overline{t_i}$，计算与均值的偏差 $\tilde{t}_{ji}$，则有：

$$\tilde{t}_{ji} = t_{ji} - \overline{t_i} \tag{3-36}$$

（3）计算协方差矩阵 $\boldsymbol{C}^{n \times n}$；

$$\boldsymbol{C}^{n \times n} = c_{x,y} \tag{3-37}$$

$$c_{x,y} = \mathrm{cov}(T_x - \overline{t_x} \times \boldsymbol{H}, T_y - \overline{t_y} \times \boldsymbol{H}) \tag{3-38}$$

其中　　x, y——在 n 个特征项中任选两个特征项；

　　　　$\boldsymbol{H}$——$m \times 1$ 的矩阵，所有元素均为 1。

（4）计算协方差矩阵的特征向量及特征值，则有：

$$\boldsymbol{C}^{n \times n} = \boldsymbol{V} \times \boldsymbol{S} \times \boldsymbol{V}^{-1} \tag{3-39}$$

其中　　$\boldsymbol{S}$——对角线上的值为特征值对应的特征向量；

　　　　$\boldsymbol{V}$——每一列为特征值对应的特征向量。

（5）对式（3-39）得到的特征值按照从大到小的顺序排序，选择其中最大的 k 个，然后将其对应的特征向量作为列向量组成 $n \times k$ 的特征向量矩阵 $\boldsymbol{M}$；根据"前

k 个特征值的和应该超过总的特征值之和的 80%" 来确定 k 的取值。

（6）将原 $m \times n$ 的样本空间投影到新的 $m \times k$ 样本空间上，则有：

$$D' = D \times M \tag{3-40}$$

其中　　D——$m \times n$ 的原文本集矩阵；

　　　　M——$n \times k$ 的特征向量矩阵；

　　　　D'——$m \times k$ 的新的文本集矩阵（$k < n$）。

通过 PCA 的计算过程，可以看出经过 PCA 转换后，产生了新的特征项，降低了计算维度。但是特征抽取方法的计算复杂度一般过高，导致了文本分类效率的下降。

3.3　小结

文本文档是大量字符的集合，不能直接被任何分类器识别，必须使用文本表示模型将其转化为简洁的且能被机器学习算法和分类器所识别的结构化形式，才能够进行进一步分析处理。但当前广泛采用的文本表示模型具有高维度和高稀疏度的特征，这不仅会增加计算成本、降低分类效率，而且可能引起过拟合现象。因此，在使用分类器训练之前需要对特征空间进行降维。可以说，文本表示和特征空间降维是决定文本分类效果的关键因素。

本章主要对文本表示及特征空间降维的方法进行了介绍。首先介绍了 4 类文本表示模型：简洁有效的 One-hot（独热）模型、在文本分类领域占统治地位的向量空间模型、能够在语义层面描述文档的主题模型和近年来成为研究热点的神经网络模型。

接着介绍了两类特征降维方法：特征选择和特征抽取，介绍了文本分类中常用的 7 种特征选择评估函数，并简单介绍了一种应用最广泛的、隶属于特征提取的数据降维方法：主成分分析。

第4章　文本分类算法

文本分类是一个有监督的学习过程，一般分为训练和测试两个阶段。它根据一个已被标注的训练文本集，找到文本特征与类别之间的关系模型，然后利用这个关系模型对新的文本进行类别判断[31]。文本分类过程可以形式化的描述为：假设文本集 $D = (d_1, d_2, \cdots, d_n)$，其中 n 为文本集中文本的总数；C 为分类体系下预定义的类别集合 $C = (c_1, c_2, \cdots, c_m)$，其中 m 为类别集中类别总数。假设文本集与类别集之间存在一个未知的映射函数：

$$\phi : D \times C \to \{True, False\} \tag{4-1}$$

如图 4.1 所示，文本分类的目标是构造一个最佳的逼近函数：

$$\hat{\phi} : D \times C \to \{True, False\} \tag{4-2}$$

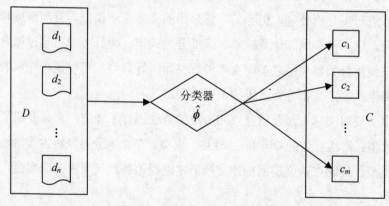

图 4.1　文本分类的映射模型

其中 $\hat{\phi}$ 称为分类器或分类模型。如果 $\hat{\phi}(d_i, c_j) = True$，那么把文本 d_i 归为类别 c_j；如果 $\hat{\phi}(d_i, c_j) = False$，即文本 d_i 不属于类别 c_j。（本章讨论的分类器类别间是互斥的，即分类器只能将文本划分到一个类别中。）

文本分类算法可以分为 4 类：基于规则的算法、基于统计的算法、神经网络算法和集成学习算法。

4.1　基于规则的算法

4.1.1　决策树

我们大多数人都玩过社交网站上的性格小测试，通过回答 5 至 8 个问题来测试自己所属的性格类别。每回答一个问题，根据答案跳转到其他问题，回答若干问题后就可以得到自己归属的类别。决策树的工作原理与之类似，用户输入一系列的数据，最后给出所属类别。

决策树算法是以实例为基础的归纳学习算法。它从一组无次序、无规则的实例中推理出决策树表示形式的分类规则；其数据形式易于理解，即使不懂机器学习算法，也能通过简单的图形理解它的工作原理。

图 4.2 是一个两分类问题对应的决策树示意图，叶子结点用椭圆形表示，代表归属的目标类别，其中 P 和 N 分别表示实例集中的正例集和反例集；其他结点用矩形表示，代表判断模块，记录了根据哪些特征属性进行判断；从判断模块引出的箭头称为分支，根据判断的结果可以到达下一个判断模块或者叶子结点。

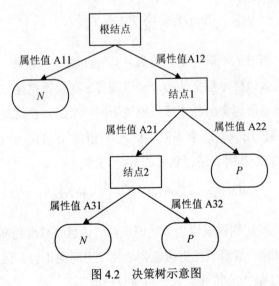

图 4.2　决策树示意图

决策树算法采用自顶向下的递归方式，在内部结点（包含根结点）进行属性值的比较，并根据不同的属性值判断往下的分支，直至叶子结点，最终在叶子结点处得到归属的类别。从根结点到叶子结点的一条路径就对应着一条合取规则，整个决策树就对应着一组析取表达式规则。

决策树算法的核心在于如何根据给定的训练样本构造一棵决策树，使生成的决策树平均深度最小，以提高分类速度及准确率。最具影响力的决策树算法是1986年Quilan提出的迭代二分器（Interior Dichotomiser，ID3）算法[32]，之后的决策树算法都是在它的基础上进行改进实现的。ID3算法是基于信息熵的决策树分类算法，根据属性集的取值选择实例的类别，决策树算法的核心思想是在决策树的非叶子结点上选择最高IG的属性，根据不同的属性值生成分支，再对各分支子集递归建立结点的下一分支，直到所有子集仅包含同一类别的数据为止。最后根据生成的决策树模型，对未知类别的数据进行分类。

IG是特征选择的一个重要指标，它定义为一个属性能够为分类算法带来多少信息：带来的信息越多，说明该属性越重要，IG也就越大。在信息论中使用信息熵来度量信息。假设某样本集合 D 中有 m 个类，第 j 类样本所占比例为 P_j，则 D 的信息熵定义为：

$$\text{Ent}(D) = -\sum_{j=1}^{m} P_j \log_2 P_j \tag{4-3}$$

信息熵越大，信息的不确定也就越高，其纯度越低。如果一个样本集中的数据属于同一类，那么该样本集是纯的。一般而言，在决策树建立的过程中，我们希望决策树分支结点所包含的样本尽可能属于同一类别，也就是高纯度、低信息熵。又假设离散属性 a 有 s 个不同取值，D 根据 a 的取值划分为 s 个子集 $\{T_1, T_2, T_3, \cdots, T_s\}$，那么 D 用 a 进行划分的IG定义为：

$$\text{Gain}(D,a) = \text{Ent}(D) - \sum_{i=1}^{s} \frac{|D_i|}{|D|} \times \text{Ent}(D_i) \tag{4-4}$$

IG越大，意味着根据该属性划分数据集前后信息"纯度提高"越大。而我们在构建最优决策树时，总希望能更快速到达纯度更高的集合，因此在建立决策树时总是选择使得IG最大的特征来划分当前数据集。

下面我们以 Quilan 发表的 ID3 算法论文中的数据集（表 4.1）为例，介绍 IG 的计算方法。

表 4.1 "星期六早上"数据集

编号	属性				类别
	天气	温度	湿度	有风	
1	晴天	热	高	假	N
2	晴天	热	高	真	N
3	阴天	热	高	假	P
4	下雨	温暖	高	假	P
5	下雨	凉快	正常	假	P
6	下雨	凉快	正常	真	P
7	阴天	凉快	正常	真	P
8	晴天	温暖	高	假	N
9	晴天	凉快	正常	假	P
10	下雨	温暖	正常	假	P
11	晴天	温暖	正常	真	P
12	阴天	温暖	高	真	P
13	阴天	热	正常	假	P
14	下雨	温暖	高	真	N

该数据集包含 14 个训练样本，用以决定星期六早上是否适合某些特定的活动的决策，显然是一个二分类问题。决策树开始学习时，根结点包含所有样例，其中 9 个正例（P），5 个反例（N），于是可根据式（4-4）计算根结点的信息熵：

$$\text{Ent}(D) = -\frac{9}{14} \times \log\frac{9}{14} - \frac{5}{14} \times \log\frac{5}{14} = 0.940 \tag{4-5}$$

然后计算出当前属性集{天气，温度，湿度，有风}中按每个属性进行划分的 IG。以天气为例，它有 3 个可能取值{晴天，下雨，阴天}，若使用该属性对样本集 D 进行划分，则可以得到 3 个子集，分别为 D_1(天气=晴天)，D_2(天气=下雨)，D_3(天气=阴天)。子集 D_1 包含 5 个样本，其中正例 2 个，反例 3 个；D_2 包含 5 个样本，其中正例 3 个，反例 2 个；D_3 包含 4 个样本，其中正例 4 个，反例 0 个；

利用"天气"划分后获得 3 个结点的信息熵，分别为：

$$\text{Ent}(D_1) = -\frac{2}{5} \times \log_2 \frac{2}{5} - \frac{3}{5} \times \log_2 \frac{3}{5} = 0.971 \tag{4-6}$$

$$\text{Ent}(D_2) = -\frac{3}{5} \times \log_2 \frac{3}{5} - \frac{2}{5} \times \log_2 \frac{2}{5} = 0.971 \tag{4-7}$$

$$\text{Ent}(D_3) = -1 \times \log_2 1 - 0 \times \log_2 0 = 0 \tag{4-8}$$

接下来根据式（4-4）计算"天气"属性的 IG，可得：

$$\text{Gain}(D, 天气) = \text{Ent}(D) - \sum_{i=1}^{3} \frac{|T_i|}{|T|} \times \text{Ent}(D_i)$$

$$= 0.940 - \left(\frac{5}{14} \times 0.971 + \frac{5}{14} \times 0.971 + 0 \right) = 0.246 \tag{4-9}$$

类似地，可以计算出其他属性的 IG：Gain(D,温度)=0.029；Gain(D,湿度)=0.151；Gain(D,有风)=0.048。

显然，"天气"属性的 IG 最大，于是选中它作为根结点，将数据集划分为 3 个分支结点，接下来用相同的算法对每个分支结点做进一步的划分，以第一个分支结点（天气="晴天"）为例，该结点包含 5 个样本，可用的属性集合为{温度，湿度，有风}，基于 D_1 计算这 3 个属性的 IG 分别为：Gain(D_1,温度)=0.6；Gain(D_1,湿度)=1；Gain(D_1,有风)=0.0492。

"湿度"属性取得最大 IG，类似地，对每个分支结点重复上边的操作，最终得到的决策树如图 4.3 所示。

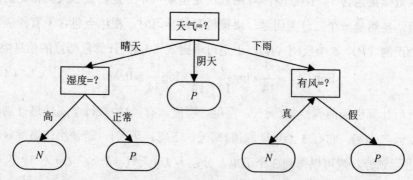

图 4.3　"星期六早上"数据集基于 ID3 算法生成的决策树

ID3 算法使用 IG 最大的属性划分当前数据集，其缺点是取值较多的特征，IG

越大。如表 4.1 中的编号列，如果将编号作为候选属性，则可以计算出它的 IG 为 0.940，远大于其他属性，但是如果将编号作为根结点，得到的决策树不具备泛化能力，无法对新样本进行有效预测。针对 ID3 算法的缺陷，Quinlan 在 1993 提出了 C4.5 算法[33]，不再选择 IG 作为选择属性的唯一准则，而是在 IG 高于平均水平的属性中，进一步选择增益率（gain ratio）最高的属性。增益率定义为：

$$\text{Gain\_Ratio}(D,a) = \frac{\text{Gain}(D,a)}{\text{SplitInfo}(a)} \tag{4-10}$$

式（4-10）中 SplitInfo(a)定义为：

$$\text{SplitInfo}(a) = -\sum_{i=1}^{s} \frac{|D_i|}{|D|} \times \log_2 \frac{|D_i|}{|D|} \tag{4-11}$$

C4.5 算法在决策树构造的过程中进行了剪枝处理，降低过拟合（表现良好的分类器可以对新样本进行准确分类，这就要求分类器在训练过程中，能找到所有潜在样本的"普通规律"；如果分类器在训练的过程中将训练样本自身的特点当作所有潜在样本的"普通规律"，则会导致对新样本分类错误，这种现象称为"过拟合"；与之相对的是"欠拟合"，是由于学习能力低下导致未能学全训练样本的"普通规律"）的风险；此外，C4.5 算法还能够处理连续属性，但是存在算法低效的缺陷，且只能处理驻留于内存的数据集，当数据集过大时，算法将无法运行。为了适应处理大规模数据集的需要，后来又提出了若干改进的算法，其中 SLIQ 和 SPRINT 是比较有代表性的两个算法。

除 ID3 和 C4.5 两种算法以外，CART 算法[34]也常常用于文本分类。CART 算法使用 gini 值来选择划分属性，gini 值越小，样本纯度越高，划分效果越好。

决策树算法最大的优点是能够生成清晰的基于特征选择分类结果的树状结构，易于理解和实现；但它的缺点是相对容易被攻击——人为地改变样本的一些特征，可使得分类器错判，比如在垃圾邮件中避免使用某些特征值，躲避分类器检测。因为决策树在底层的判断是基于单一条件的，攻击者只需改变很少的特征就可以逃过检测。因此，决策树算法不常直接用于文本分类，而是作为集成方法的弱学习器使用。

4.1.2 粗糙集理论

粗糙集理论是用来研究不完整数据、不精确知识的表达、学习、归纳等的一套数学理论，能有效地分析和处理不精确、不完整等各种不完备信息，从中发现隐含的知识和潜在规律。作为一种较新的计算方法，粗糙集理论越来越受到重视，其有效性已在许多科学与工程领域的成功应用中得到证实，是当前国际上人工智能理论及其应用领域中的研究热点之一，目前已建立了完备的理论体系。

粗糙集理论用于分类问题，可以帮助发现噪声数据中存在的结构关系，但是它只能处理离散量，连续量必须首先进行离散化，然后才能使用粗糙集理论处理。粗糙集理论以集合为基础，将集合分为正域、负域与边界，如图 4.4 所示。在文本分类中，以邮件分类为例，常会出现正常邮件被当做垃圾邮件进行错误处理的情况，从用户角度来看，当正常邮件被当作垃圾邮件过滤掉的情况发生时，可能会给用户带来很大的损失。利用粗糙集理论就可以将收到的邮件分为三类——垃圾邮件、非垃圾邮件和疑似垃圾邮件，这样分类器可以将不确定的邮件划分到疑似垃圾邮件区，降低出错率。

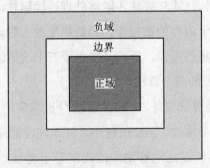

图 4.4　粗糙集理论正域、负域及边界的示意图

粗糙集理论应用于文本分类时的研究重点在于属性约简的选择。所谓属性约简是指在保证分类能力不变的前提下，删除其中不相关或不重要的知识关系，以此降低特征维数，既方便处理也可提高分类效率。

赵文清等在 2005 年提出了一种基于粗糙集理论的垃圾邮件过滤系统模型[35]，如图 4.5 所示。在模型中，原始数据集分为训练样本集和测试集两部分：对训练样本集采用遗传算法（Genetic Algorithm，GA）进行属性约简得到决策规则，然后使用这些决策规则对测试集的邮件进行规则匹配，并采用基于粗糙集理论的算法计算，进而判断待测试邮件的类别，最终准确率可达 92.07%。

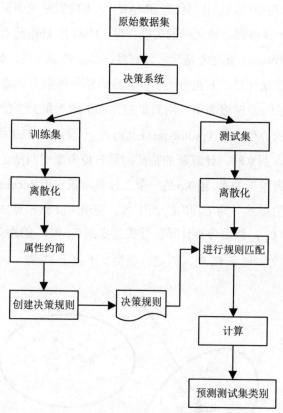

图 4.5　一种基于粗糙集理论的垃圾邮件过滤系统的模型

4.2　基于统计的算法

目前国内外有关文本自动分类的研究主要使用统计方法，在文本分类领域流行的统计分类算法有：Rocchio 算法、k 最近邻（k-Nearest Neighbour，kNN）算法、朴素贝叶斯（Naïve Bayes，NB）算法、Logistic 回归（Logistic Regression，LR）算法、Softmax 回归算法及支持向量机（Support Vector Machine，SVM）[36-39]。下面我们分别对它们进行介绍。

4.2.1 Rocchio 算法

Rocchio 算法是 20 世纪 70 年代在 SMART 文本检索系统中引入并广泛使用的算法，最初用于计算查询文档之间的关联程度。1994 由 Hull 进行改进，并应用于文本分类领域。Rocchio 算法非常简单且直观，虽然效果一般，但其分类速度快，因此常作为分类算法比较的基准分类器及集成方法中的弱分类器。

Rocchio 算法的原理很简单：用简单的算术平均为每类中的训练样本生成一个代表该类向量的原型向量（prototype vectors），一般使用类的中心向量充当原型向量，当测试文本到来时，计算新的特征向量与每个原型向量之间的距离，最后将文本判定给距离最近的类。图 4.6 是一个二分类问题应用 Rocchio 算法的示意图，假设训练样本集的样本分为 C_0 和 C_1 两个类，使用 Rocchio 算法分别找到两个类的原型向量 $\overrightarrow{C_0}$ 和 $\overrightarrow{C_1}$，然后分别计算待分类文本到 $\overrightarrow{C_0}$ 和 $\overrightarrow{C_1}$ 的距离 d_0 和 d_1，如果 $d_0>d_1$，则待分类文本属于 C_1 类，否则待分类文本属于 C_0 类。

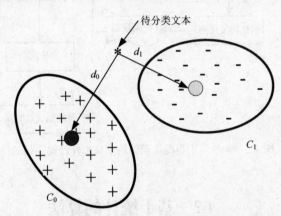

图 4.6　一个二分类问题应用 Rocchio 算法的示意图

给定一个训练样本集，假设训练样本集中存在 m 个类别，类别集合为 $C = \{C_1, C_2, C_3, \cdots, C_m\}$。将每个待分类文本根据训练样本集的特征词项集合表示为向量空间模型，假设训练样本集共有 n 个特征词项，那么其中任意一个文本 d 可以用 n 维的特征向量表示为 $d = \{t_1, t_2, t_3, \cdots, t_n\}$，特征词项元素一般选 TF-IDF 作为度量，即词频-逆文档频率。Rocchio 算法首先计算每个类别的原型向量，如 C_i 类的原型向量用 $\overrightarrow{C_i} = \{t_{i1}, t_{i2}, t_{i3}, \cdots, t_{ik}, \cdots, t_{in}\}$ 来表示，初始的原型向量元素都为 0，那么 $\overrightarrow{C_i}$ 中元素 t_{ik} 的表达式为：

$$t_{ik} = \alpha \frac{1}{|P_{C_i}|} \sum_{d \in P_{C_i}} t_{ik} - \beta \frac{1}{|N_{C_i}|} \sum_{d \in N_{C_i}} t_{ik} \qquad (4\text{-}12)$$

式（4-12）中，P_{C_i} 表示由所有属于 C_i 类的样本构成的正类样本，$|P_{C_i}|$ 表示属于 C_i 类的正类样本的数量；N_{C_i} 表示不属于 C_i 类的其他所有样本构成的负类样本，$|N_{C_i}|$ 表示 C_i 类的负类样本的数量；参数 α 和 β 作为影响因子控制正类样本和负类样本的相对重要程度。当 $\alpha = 1$，$\beta = 0$ 时，则不考虑负类样本的影响，这时的原型向量就是类别的中心向量，在实际的文本分类中，常采用这种影响因子。

对于待分类文本 d_x，只需要计算各类的原型向量 $\overrightarrow{C_i}$（$i=1,2,\cdots,m$）与 d_x 的距离（相似度），距离最小（相似度最大）的就是与待分类文本最相似的类。向量的相似度计算常采用两向量间的夹角余弦，相似度越大，相关程度越高。具体表达式为：

$$\text{Sim}(d_x, \overrightarrow{C_i}) = \cos(d_x, \overrightarrow{C_i}) = \frac{\sum_{j=1}^{n} t_{xj} \times t_{ij}}{\sqrt{\sum_{j=1}^{n} t^2_{xj}} \times \sqrt{\sum_{j=1}^{n} t^2_{ij}}} \qquad (4\text{-}13)$$

也可采用欧式距离来计算待分类特征向量和各类原型向量之间的距离，距离越小，相关程度越高。具体表达式为：

$$D(d_x, \overrightarrow{C_i}) = \sqrt{\sum_{j=1}^{n} (t_{xj} - t_{ij})^2} \qquad (4\text{-}14)$$

Rocchio 算法分为两个阶段：训练阶段和分类阶段，训练阶段生成所有类别的原型向量，分类阶段则采用距离判别法判断文本的类别。当类间距离较大类距离较小时，分类效果较好，反之，分类效果较差。Rocchio 算法应用于文本分类时，主要缺点是假设数据空间中的类都是线性可分的，这与实际不符，限制了它的应用范围。

4.2.2　kNN 算法

kNN 算法最初由 Cover 和 Hart 在 1968 年引入分类领域，该算法的基本思想是：对于一个待分类文本，分类器在训练样本集中找到其最近（相似度最大或距离最小）的 k（k 是预先设定的一个整数，一般取值在几百到几千）个文本，依据这 k 个文本的类别判断待分类文本所属的类别。kNN 算法的关键问题在于相似度（或距离）的度量方法及类别的判断方法。在文本分类中，最常用的是夹角余弦的相似性度量方法（计算方法见 4.2.1 节），分别计算待分类文本 d_x 与训练样本集中每个文本的夹角余弦，按降序排列取对应的前 k 个文本，根据这 k 个文本的类别进行判断。

kNN 算法进行类别判断的方法有两种：一种是取待分类文本的 k 个近邻文本，看大多数近邻属于哪一类，就把待分类文本归属哪一类；另一种是根据待分类文本与 k 个近邻文本的相似度之和来加权每个近邻对分类的贡献，权重最大的类即为待分类文本归属的类。第一种方法对应的是离散值规则（Discrete-Valued Function，DVF），如图 4.7 所示，假设训练样本集的样本分为 C_0 和 C_1 两个类，C_0 类中的文本用"+"表示，C_1 类中的文本用"-"表示，待分类文本用"*"表示。当 $k=3$ 时，取与待分类文本距离最近的 3 个文本，由于 2 个文本属于 C_1 类，只有 1 个属于 C_0 类，因此待分类文本归属类别是 C_1 类；当 $k=5$ 时，取与待分类文本距离最近的 5 个文本，判断待分类文本归属类别是 C_0 类；可以看出，当样本分布不均匀时，使用这种方法并不合理，会导致分类效果的降低；后一种方法对应的是相似度加权规则（Similarity-Weighted Function，SWF），这种方法可以减少样本分布不均匀对分类效果的影响，是目前 kNN 算法最常采用的决策规则。

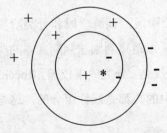

图 4.7　kNN 算法中 DVF 的示意图（$k=3$ 和 $k=5$ 时）

SWF 的思路如下：分类器在训练样本集中查找与待分类文本 x 相似度最大的 k 个近邻文本，并根据这些近邻文本的类别归属按相似度给各类别打分，最后根据各类的得分，将文本 x 归到分值最大的类。各类别的分值计算式为：

$$\text{Score}(x, C_i) = \sum_{d_j \in kNN} \text{Sim}(x, d_j) P(d_j C_i) \qquad (4\text{-}15)$$

式（4-15）中，$\text{Score}(x, C_i)$ 是待分类文本 x 属于 C_i 类的分值；d_j（j=1,2,$\cdots$,k）是文本 x 的 k 个近邻文本；$\text{Sim}(x, d_j)$ 权重是近邻文本与待分类文本的相似度，一般使用两向量的夹角余弦进行计算；$P(d_j C_i) \in \{0,1\}$，当近邻文本属于 C_i 类时，$P(d_j C_i) = 1$，否则 $P(d_j C_i) = 0$。

kNN 算法思路简单且有效，基于类比学习，对于未知和非正态分布的样本集可以取得较高的分类准确率。但是在文本分类应用中，kNN 算法同样存在不足：

（1）kNN 是一种 lazy-learning 算法：不预先建立训练模型，需要将训练样本集中所有样本存到计算机中，然后计算待分类文本与训练样本集中每个样本的相似性（或距离），时空开销较大。

（2）k 的取值至关重要，不同的 k 值可能导致分类结果不同。

（3）当样本不均衡（一个类的样本很多，其他类样本较少）时，会导致稀有样本分类准确率的降低。

4.2.3 朴素贝叶斯算法

朴素贝叶斯算法简单且性能优异，在文本分类领域应用广泛，常被用作文本分类比较的基准算法。在文本分类中，通过各类别的先验概率及样本的类条件概率，分别计算样本属于各个类别的后验概率，选择后验概率最大的类别作为该样本的类别，这就是贝叶斯算法的思想。

1. 一般贝叶斯算法

假设训练样本集中存在 m 个类别，类别集合为 $C = \{C_1, C_2, C_3, \cdots, C_m\}$。将每个待分类文本根据训练样本集的特征词项集合表示为向量空间模型，假设训练样本集共有 n 个特征词项，那么待分类文本 d 可以用 n 维的特征向量表示为 $d = \{t_1, t_2, t_3, \cdots, t_n\}$。

根据贝叶斯分类思想，文本所属的类别由类别的最大后验概率（Maximum A Posteriori，MAP）决定：

$$C_{\text{MAP}} = \underset{C_i \in C}{\arg\max}\, P(C_i \mid d) \tag{4-16}$$

由式（4-16），C_i 类的后验概率的数学定义为：

$$P(C_i \mid d) = \frac{P(d \mid C_i)P(C_i)}{P(d)} \tag{4-17}$$

式（4-17）中，$P(C_i)$ 是训练样本集中各类样本所占的比例；$P(d \mid C_i)$ 是类条件概率，表示已知所属类别情况下，文本 d 出现的概率；$P(d)$ 是训练样本集中文本 d 出现的概率。

对给定样本，$P(d)$ 是个常数，对于判断样本所属类别无影响，可以直接消去，式（4-16）可重写为：

$$C_{\text{MAP}} = \underset{C_i \in C}{\arg\max}\, P(d \mid C_i)P(C_i) \tag{4-18}$$

此时将文档 d 看作特征词项的集合，于是式（4-17）的类条件概率 $P(d \mid C_i)$ 可以使用特征词项的联合概率分布替代：

$$C_{\text{MAP}} = \underset{C_i \in C}{\arg\max}\, P(t_1, t_2, t_3, \cdots, t_n \mid C_i)P(C_i) \tag{4-19}$$

式（4-19）中 $P(C_i)$ 表达了训练样本集中各类样本所占比例，根据大数定律，当训练样本集中包含足够多的独立同分布样本时，$P(C_i)$ 可通过各类样本出现的频率来估计，即：

$$P(C_i) = \frac{n_i}{N} \tag{4-20}$$

式（4-20）中，n_i 表示训练样本集中属于 C_i 类的样本数量；N 表示训练样本集中的样本总数。

$P(t_1, t_2, t_3, \cdots, t_n \mid C_i)$ 是所有特征词项的联合概率，直接根据样本出现的频率进行估计是不可行的。文本的一般贝叶斯模型的网络结构如图 4.8 所示。包含类结点 C 和特征词项结点 $t_i(i = 1, 2, 3, \cdots, n)$，若两个特征词项结点间有箭头相连，则表示两个变量间不独立，即相互依赖。从图 4.8 中可以看出，文本的任意两个特征词项都有可能相互依赖，比如很多垃圾邮件中出现"click here to subscribe"这个短语，"click"和"subscribe"这两个特征词项的相关性较大，即相互依赖。文本的这种特点使得计算特征词项的联合概率几乎是不可能的，假设使用布尔值来表示特征词项是否出现，那么每个特征词项都可取"0"或"1"，假设训练样本集中共有 1000 个特征词项，极端情况下认为各特征词项间都相互依赖，那么将需要 2^{1000} 个样本，要学习到所有特征词项的条件概率值是不可能的，因此必须要对一般贝叶斯模型进行简化处理。

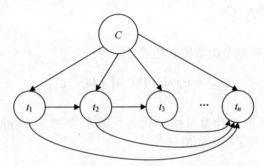

图 4.8 文本的一般贝叶斯模型的网络结构图

2. 朴素贝叶斯算法

朴素贝叶斯算法采用"特征词项相互之间独立"的假设，避开了特征词项联合概率分布这一障碍，即每个特征词项独立地对分类结果产生影响。"朴素"一词得名于条件独立和位置独立两个基本假设。其中，条件独立假设是假设特征词项之间不存在依赖关系；位置独立假设特征词项在文本中出现的位置对概率的计算没有影响。文本的朴素贝叶斯模型的网络结构如图 4.9 所示，只有类结点指向特征词项结点的箭头，各特征词项结点之间没有箭头。这种简化的贝叶斯方法大大降低了计算量，但分类的准确度却没有降低多少，因此朴素贝叶斯方法被广泛用在文本分类应用中。

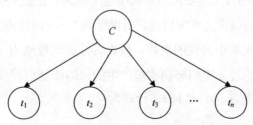

图 4.9 文本的朴素贝叶斯模型的网络结构图

基于各特征词项的条件独立和位置独立假设，所有特征词项的联合概率可重写为：

$$P(t_1, t_2, t_3, \cdots, t_n \mid C_i)$$
$$= P(t_1 \mid C_i) P(t_2 \mid C_i, t_1) P(t_3 \mid C_i, t_1, t_2) \cdots P(t_n \mid C_i, t_1, \cdots, t_{n-1})$$
$$= P(t_1 \mid C_i) P(t_2 \mid C_i) \cdots P(t_n \mid C_i) \qquad (4\text{-}21)$$
$$= \prod_{j=1}^{n} P(t_j \mid C_i)$$

那么，朴素贝叶斯分类器的表达式可写为：

$$C_{\text{NB}} = \underset{C_i \in C}{\arg\max} \, P(C_i) \prod_{j=1}^{n} P(t_j \mid C_i) \qquad (4\text{-}22)$$

朴素贝叶斯模型的计算最终转化为求某个类别下各特征词项出现的概率 $P(t_j \mid C_i)$，问题得到了极大的简化。

但是文本的朴素贝叶斯模型存在一个问题：如果待训练样本中出现了训练样本集中从未出现的特征词项 t_j，则会导致 $P(t_j \mid C_i)$ 的概率为 0，由于 $P(d \mid C_i)$ 是所有特征词项的乘积，则会出现 $P(d \mid C_i)$ 等于 0。为了避免这一问题，一般采用拉普拉斯（Laplace）平滑处理：给训练样本集中未出现的特征词项一个很小的值而不是 0。

3. 基于朴素贝叶斯算法的两种事件模型

在贝叶斯假设基础上，文本看做是若干词汇的集合，根据文本表示方法的不同，基于朴素贝叶斯的文本分类有两种事件模型：多元伯努利模型（multivariate Bernoulli model）和多项式 NB 模型（multinomial Naïve Bayes model），这两种事件模型的主要区别在于对类条件概率 $P(d \mid C_i)$ 的估计方法不同。

（1）多元伯努利模型。多元伯努利模型又称为二值独立模型，其特征向量是布尔权重，即特征词项在文本中出现，则权重为 1，否则权重为 0，不考虑特征词项出现的顺序及在文本中出现的次数。假设特征词项数量为 n，将文本看作一个事件，这个事件是通过 n 重伯努利实验产生的，即特征出现或不出现。

多元伯努利模型对 $P(d \mid C_i)$ 的估计式为：

$$P(d \mid C_i) = \prod_{j=1}^{n} \{ B_{t_j} P(t_j \mid C_i) + (1 - B_{t_j})[1 - P(t_j \mid C_i)] \} \qquad (4\text{-}23)$$

式（4-23）中：B_{t_j} 表示特征 t_j 在文本 d 中出现的情况，$B_{t_j}=0$ 表示未出现，$B_{t_j}=1$ 表示出现。$P(t_j|C_i)$ 表示在属于 C_i 类的前提下，特征词项 t_j 出现的概率。$P(t_j|C_i)$ 采用文档频次来估计，即：

$$P(t_j|C_i)=\frac{n_{ij}}{n_i} \tag{4-24}$$

式（4-24）中，n_i 表示训练样本集中属于 C_i 类的文本数量，n_{ij} 表示 C_i 类中出现特征词项 t_j 的文本数量。

为避免概率为 0，$P(t_j|C_i)$ 经拉普拉斯平滑处理后重写为：

$$P(t_j|C_i)=\frac{1+n_{ij}}{2+n_i} \tag{4-25}$$

（2）多项式 NB 模型。多项式 NB 模型考虑特征词项出现的次数，将每个特征词项的出现看作"事件"，文本是这些事件的集合，且这些事件之间是相互独立的。文本表示为词频（TF）的集合，假设文本 d 中包含的单词数为文本长度 $|d|$，N_{t_j} 表示特征词项 t_j 在文本 d 中出现的次数，n 是训练样本集中特征词项的总数量，d 可用向量 $(N_{t_j},\cdots,N_{t_n})$ 来表示，$P(d|C_i)$ 可表示为：

$$P(d|C_i)=P(|d|)\cdot|d|!\cdot\prod_{j=1}^{n}\frac{P(t_j|C_i)^{N_{t_j}}}{N_{t_j}!} \tag{4-26}$$

式（4-26）中，文本 d 与分类无关，$P(t_j|C_i)$ 采用特征词项的频次来估计：

$$P(t_j|C_i)=\frac{T_{ij}}{T_i}=\frac{T_{ij}}{\sum\limits_{j=1}^{n}T_{ij}} \tag{4-27}$$

式（4-27）中，T_i 表示 C_i 类中出现特征词项 t_j 的文本数量，T_{ij} 表示训练样本集中所有 C_i 类中所有文本中特征词项的总数。

为避免概率为 0，$P(t_j|C_i)$ 经拉普拉斯平滑处理后重写为：

$$P(t_j|C_i)=\frac{T_{ij}+1}{\sum\limits_{j=1}^{n}(T_{ij}+1)}=\frac{T_{ij}+1}{T_i+n} \tag{4-28}$$

式（4-28）中，n 表示训练样本集中特征词项的数量。

（3）多元伯努利模型和多项式 NB 模型的主要区别在于：

1）是否考虑特征词项出现的次数：多元伯努利模型仅考虑特征词项是否出现，而多项式 NB 模型还考虑特征词项的出现次数。

2）待训练文本中未出现的特征词项对分类的作用不同：多项式 NB 模型中文本中未出现的特征词项不参与分类；多元伯努利模型中未出现的特征词项也要参与 $P(d|C_i)$ 的计算。

（4）这两种模型在实际应用中各有优缺点，具体在于：

1）多元伯努利模型适合处理短文档，而多项式 NB 模型适合处理长文档。

2）多元伯努利模型在特征数较少时效果更好，而多项式 NB 模型在特征数较多时效果更好。

3）多项式 NB 模型对噪声特征具有更强的鲁棒性。

在实际应用中，应该根据训练样本集和样本的具体情况进行建模。研究人员发现尽管朴素贝叶斯算法应用于文本分类时，其特征词项独立性假设（条件独立和位置独立假设）欠合理，但其分类效果在实际研究与应用中表现良好，且分类速度较快，在文本分类中得到了广泛的应用。

4.2.4 Logistic 回归算法

Logistic 回归算法在 1958 年由 David Cox 提出，最初用于统计学中对人口数量增长情况的研究。Logistic 回归由线性回归基础上发展而来，线性回归是最简单的回归方法。我们先来看一下回归的概念：假设现在有一些数据点，我们用一个函数对这些点进行拟合，这个拟合的过程就称为回归。当拟合函数中的因变量和自变量是线性关系时，即为线性回归。

线性回归的输出是在实数范围内的连续值，而在分类时我们希望输出为离散值，比如二分类问题，希望函数输出 0 或 1。一个可行的方法就是在线性回归的函数上套用一个 Logistic 函数（Sigmoid 函数），使得输出在(0,1)之间，如图 4.10 所示。

Sigmoid 函数形式为：

$$g(x) = \frac{1}{1 + e^{-x}} \tag{4-29}$$

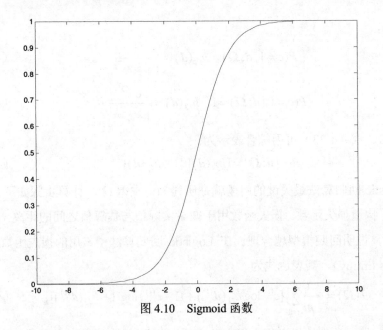

图 4.10 Sigmoid 函数

假设一个训练样本集包含 m 个文本，每个文本均包含 n 个特征词项，任意特征向量化表示为 $\boldsymbol{d} = (t_1, t_2, \cdots, t_n)$，再设置一个额外的属性特征 t_0，在实际工程中它的值总是为 1，这样 $\boldsymbol{d}$ 就是一个 $n+1$ 维的向量，即 $\boldsymbol{d} \in \mathbb{R}^{n+1}$；Logistic 回归算法主要用于二分类问题，因此训练样本集所有样本对应的类别 $c^{(i)} \in \{0,1\}$，式中 $c^{(i)}$ 表示第 i 个样本所属类别。对于训练样本集中的任意文本，我们使用线性回归表示为：

$$z = \omega_0 t_0 + \omega_1 t_1 + \omega_2 t_2 + \cdots + \omega_n t_n = \sum_{j=0}^{n} \omega_j t_j = \boldsymbol{\Omega}^{\mathrm{T}} \boldsymbol{t} \tag{4-30}$$

套用 Sigmoid 函数之后：

$$h_\omega(t) = g(\boldsymbol{\Omega}^{\mathrm{T}} \boldsymbol{t}) = \frac{1}{1 + \mathrm{e}^{-\boldsymbol{\Omega}^{\mathrm{T}} \boldsymbol{t}}} \tag{4-31}$$

式（4-31）中的 $\boldsymbol{\Omega} = (\omega_0, \omega_1, \cdots, \omega_n)$ 是权值，可通过最大似然估计或最小似然估计，找到逻辑回归模型拟合效果最好的那组参数作为实际的 $\boldsymbol{\Omega}$。在实际分类时，可以规定一个阈值 threshold（一般为 0.5），当输出大于 threshold 时，待分类文本被判断为 1 类；输出为小于 threshold 即归为 0 类。因此 Logistic 回归算法也可看作概率估计，对于特征输入 $\boldsymbol{d}$，在二分类问题中，分类结果分别为 1 类和 0 类的概率可表示为：

$$P(c=1 \mid \boldsymbol{d}; \boldsymbol{\Omega}) = h_{\Omega}(\boldsymbol{d}) = \frac{1}{1+\mathrm{e}^{-\Omega^{\mathrm{T}}t}} \tag{4-32}$$

$$P(c=0 \mid \boldsymbol{d}; \boldsymbol{\Omega}) = 1-h_{\Omega}(\boldsymbol{d}) = \frac{\mathrm{e}^{-\Omega^{\mathrm{T}}t}}{1+\mathrm{e}^{-\Omega^{\mathrm{T}}t}} \tag{4-33}$$

式（4-32）、式（4-33）可用综合表示为：

$$P(c \mid \boldsymbol{d}; \boldsymbol{\Omega}) = [h_{\Omega}(\boldsymbol{d})]^{c}[1-h_{\Omega}(\boldsymbol{d})]^{1-c} \tag{4-34}$$

Logistic 回归算法最关键的问题就是研究如何求得 $\boldsymbol{\Omega}$。计算步骤如下：

（1）构造损失函数。损失函数用于衡量实际值与估算值之间的距离，损失函数值越小，说明回归模型越合理。在 Logistic 回归算法中常用的损失函数是交叉熵（Cross Entropy），其表达式为：

$$J(\boldsymbol{\Omega}) = -\frac{1}{m}\sum_{i=1}^{m}\{c^{(i)}\log h_{\Omega}(\boldsymbol{d}^{(i)}) + (1-c^{(i)})\log[1-h_{\Omega}(\boldsymbol{d}^{(i)})]\} \tag{4-35}$$

式（4-35）中 m 是训练样本集中样本的个数；右上标(i)表示第 i 个样本；c 表示样本实际归属的类别；$h_{\Omega}(\boldsymbol{d}^{(i)})$ 表示用 $\boldsymbol{\Omega}$ 和第 i 个样本的特征项 $\boldsymbol{d}$ 预测出来的类别。

（2）对损失函数求最小值，得到的 $\boldsymbol{\Omega}$ 就是最优参数。最常用的方法就是使用梯度下降法（Gradient Descent Algorithm）对损失函数求最小值，梯度是损失函数对各参数求偏导，偏导等于 0 时可以得到最小值（也可能是局部极小值），此时的 $\boldsymbol{\Omega}$ 就是最优参数。$(\omega_0, \omega_1, \cdots, \omega_n)$ 的全部元素初始值都设置为 1，ω_j 迭代更新过程为：

$$\omega_j := \omega_j - \alpha \frac{\partial}{\partial \omega_j} J(\boldsymbol{\Omega}) \tag{4-36}$$

式（4-36）中，α 是学习因子（learning factor），它决定每步变化的步长，其选择非常重要，太小会导致收敛太慢，太大可能会导致发散。将式（4-35）代入式（4-36）中的偏导部分，则有：

$$\frac{\partial}{\partial \omega_j} J(\boldsymbol{\Omega}) = \frac{1}{m}\sum_{i=1}^{m}[h_{\Omega}(\boldsymbol{d}^{(i)}) - c^{(i)}]t_j^{(i)} \tag{4-37}$$

式（4-37）一直迭代执行，直到达到某个停止条件为止：可能是迭代次数达到某个指定值或者算法达到某个可以允许的误差范围。

但是，并不是所有的特征词项都能对分类效果产生影响，因此需要使用正则化方法使得结果集具有稀疏性，同时防止过拟合现象发生，这样式（4-35）重写为：

$$J(\boldsymbol{\Omega}) = -\frac{1}{m}\sum_{i=1}^{m}\{c^{(i)}\log h_{\Omega}(\boldsymbol{d}^{(i)}) + (1-c^{(i)})\log[1-h_{\Omega}(\boldsymbol{d}^{(i)})]\} + \frac{\lambda}{2m}\sum_{j=1}^{n}\omega_j^2 \qquad (4\text{-}38)$$

式（4-38）中 $\dfrac{\lambda}{2m}\sum\limits_{j=1}^{n}\omega_j^2$ 为正则项，λ 是正则化参数，选值应尽可能小。

同时正则化后的 $\dfrac{\partial}{\partial\omega_j}J(\boldsymbol{\Omega})$ 偏导改写为：

$$\frac{\partial}{\partial\omega_j}J(\boldsymbol{\Omega}) = \frac{1}{m}\sum_{i=1}^{m}[h_{\Omega}(\boldsymbol{d}^{(i)}) - c^{(i)}]t_j^{(i)} + \frac{1}{m}\lambda\omega_j \qquad (4\text{-}39)$$

Logistic 回归算法主要用于数值型数据的二分类问题，其优点是计算的代价不高，易于理解和实现，常用作分类对比时的基准算法；其缺点是容易欠拟合，导致分类精度的降低。

4.2.5　Softmax 回归算法

Softmax 回归算法是 Logistic 回归算法在多分类问题上的推广，常用作深度学习模型的最后一层。

同 Logistic 回归算法一样，我们假设一个训练样本集包含 m 个文本，每个文本均包含 n 个特征词项 $\boldsymbol{d} = (t_1, t_2, \cdots, t_n)$，再设置一个额外的属性特征 t_0，在实际工程中它的值总是为 1，这样 $\boldsymbol{d}$ 就是一个 $n+1$ 维的向量，即 $\boldsymbol{d} \in \mathbb{R}^{n+1}$；Softmax 回归算法可用于多分类问题，因此训练样本集所有样本对应的类别 $c^{(j)} \in \{0,1,2,\cdots,k\}$，式中 $c^{(j)}$ 表示第 j 个样本所属类别。Softmax 回归算法的输入是待分类文本，输出函数定义为：

$$h_{\Omega}(\boldsymbol{d}^{(i)}) = \begin{bmatrix} p(c^{(i)}=1\,|\,\boldsymbol{d}^{(i)};\boldsymbol{\Omega}) \\ p(c^{(i)}=2\,|\,\boldsymbol{d}^{(i)};\boldsymbol{\Omega}) \\ \vdots \\ p(c^{(i)}=k\,|\,\boldsymbol{d}^{(i)};\boldsymbol{\Omega}) \end{bmatrix} = \frac{1}{\sum\limits_{q=1}^{k}\mathrm{e}^{\omega_q^{\mathrm{T}}t^{(i)}}}\begin{bmatrix} \mathrm{e}^{\omega_1^{\mathrm{T}}d^{(i)}} \\ \mathrm{e}^{\omega_2^{\mathrm{T}}d^{(i)}} \\ \vdots \\ \mathrm{e}^{\omega_k^{\mathrm{T}}d^{(i)}} \end{bmatrix} \qquad (4\text{-}40)$$

式（4-40）中 $\omega_1, \omega_2, \cdots, \omega_k \in \mathbb{R}^{n+1}$ 是模型的参数，维数同 t。$\dfrac{1}{\sum\limits_{q=1}^{k} e^{\omega_q^{\mathrm{T}} d^{(i)}}}$ 的主要作用

是归一化概率分布，使得各项之和为 1。

同 Logistic 回归算法相似，Softmax 回归算法的关键问题是研究如何求得 $\omega_1, \omega_2, \cdots, \omega_k$。

（1）构造损失函数。Softmax 回归算法常用的损失函数也是交叉熵，具体表达式为：

$$J(\Omega) = -\frac{1}{m} \sum_{i=1}^{m} \log \prod_{q=1}^{k} \left(\frac{e^{\omega_q^{\mathrm{T}} d^{(i)}}}{\sum\limits_{j=1}^{k} e^{\omega_j^{\mathrm{T}} d^{(i)}}} \right)^{1\{c^{(i)}=q\}} \tag{4-41}$$

式（4-41）中 m 是训练样本集中样本的个数；右上标 (i) 表示第 i 个样本；c 表示样本实际归属的类别；$1\{c^i = q\}$ 是指示性函数（indicator function），取值规则为：$1\{$真值表达式$\}=1, 1\{$假值表达式$\}=0$，如 $1\{2=3\}=0$，$1\{2=2\}=1$。

（2）对损失函数求最小值，得到的 $\omega_1, \omega_2, \cdots, \omega_k$ 就是最优参数。同 Logistic 回归算法一样，采用梯度下降法对损失函数求最小值。

为防止过拟合，也可像 Logistic 回归算法一样，对损失函数增加一个正则化因子。求得 $\omega_1, \omega_2, \cdots, \omega_k$ 之后，对给定的待分类文本，先进行特征值向量化表示，然后代入式（4-40）估算出文本属于每种类别的概率，取概率值最大的类别作为待分类文本的归属。

4.2.6 支持向量机

支持向量机（SVM）是 Vapnik 和其领导的贝尔实验室于 1995 年正式发表的一种基于统计学习理论的较新的通用机器学习方法，很多学者认为，SVM 是目前性能最好的分类器之一，自提出以来就广为流行。SVM 由统计学习理论的 VC 维（Vapnik-Chervonenkis Dimension）理论和结构风险最小化（Structural Risk Minimization）原理发展而来，旨在根据有限的样本信息在模型复杂性和学习能力之间寻求最佳折衷，以期获得最好的推广能力。

VC 维是一种度量函数集合容量的尺度量，它定义为：当一个函数集合的 VC 维数是 n 时，存在一个数据点集 x_n，它所有可能的组合都可以用这个函数集合中的函数分开，而对于任何大于 x_n 的点集的所有组合都不可能完全被该函数集合分开。如果一个函数集合可以将任何的数据点集分开，则其 VC 维是无穷大。VC 维是描述函数集复杂性或学习能力的一个重要指标。

风险是真实值和预测值之间的误差。使用分类器在样本上得到的分类结果和真实值之间的差值叫作经验风险。以往的分类算法都把经验风险最小化作为最终目标，但是后来发现很多分类器的推广能力很差，即对当前的样本分类效果很好，但对样本之外的数据分类效果很差。因此引入了结构风险的概念，认为真实的风险应该由经验风险和置信风险共同描述：置信风险代表了多大程度上可以信任分类器在其他样本上的分类结果。这时的学习目标变为寻求经验风险和置信风险的和最小，也就是结构风险最小化。其表达式为：

$$R \leqslant R_{emp} + \phi\left(\frac{n}{h}\right) \tag{4-42}$$

式（4-42）中，R 表示真实风险；R_{emp} 表示经验风险；$\phi\left(\dfrac{n}{h}\right)$ 表示置信风险，其中 n 表示样本数，h 表示 VC 维。式（4-42）表明，真实风险不仅与经验风险有关，也与 VC 维和训练样本数量有关。在样本数量有限的情况下，VC 维越高，学习的复杂性越大，置信风险越大，导致真实风险和经验风险的差也就越大。因此在实际的分类算法中，不但应使经验风险最小化，还应该降低 VC 维，缩小置信风险，进而使得真实风险最小，提高模型的推广能力。

（1）线性可分问题。SVM 是从线性可分情况下的最优分类面发展而来。考虑图 4.11（a）中的两组数据，我们很容易使用一条直线将两组数据分开，如图 4.11（b）（c）（d）所示，这样的数据称为线性可分（linearly separable）数据。分隔二维数据集的是直线，分隔三维数据集的是平面，假设数据集有 n 个维度，分隔它的就是一个 $n-1$ 维的对象，我们称之为超平面（hyperplane）。超平面又叫分类的决策边界，分布在超平面两侧的数据分属于两个类。

如图 4.11 所示，能分隔两类数据的超平面可能有多个，而 SVM 的目的是寻找一个满足分类要求的最优超平面，使得该超平面在保证分类精度的同时，还能使超平面两侧的空白区域最大化，也就是分别找到两类离超平面最近的点，确保它们离超平面距离之和尽可能大，这样得到的分类器更加鲁棒，推广能力也更高。图4.11中"+"类样本数据增加一个，只有图4.11（b）中的超平面仍可以准确分类。

给定样本集 $D = \{(\boldsymbol{x}_1, y_1), (\boldsymbol{x}_2, y_2), \cdots, (\boldsymbol{x}_n, y_n)\}$， $y_i \in \{-1, +1\}$，基于训练样本集在样本空间中找到一个超平面将两种类别的样本分开，超平面可通过以下线性方程来描述：

$$f(\boldsymbol{x}) = \boldsymbol{\omega}^{\mathrm{T}} \boldsymbol{x} + b \tag{4-43}$$

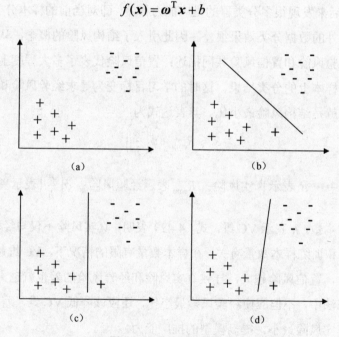

图4.11　线性可分数据

式（4-43）中 $\boldsymbol{\omega} = (\omega_1; \omega_2; \cdots; \omega_n)$ 是法向量，决定了超平面的方向；b 是位移项，决定了超平面到原点的距离。样本空间任意点到超平面的距离为：

$$\gamma = \frac{\left| \boldsymbol{\omega}^{\mathrm{T}} \boldsymbol{x} + b \right|}{\|\boldsymbol{\omega}\|} \tag{4-44}$$

假设式（4-44）描述的超平面可以将训练样本集正确分类，则训练样本集中的样本满足：

$$y_i(\boldsymbol{\omega}^{\mathrm{T}}\boldsymbol{x}_i + b) \geq 1 \qquad (4\text{-}45)$$

H_1 和 H_2 分别为过各类中离分类超平面最近的样本且平行于超平面的直线，它们之间的距离叫作分类间隔（margin），而过 H_1 和 H_2 的训练样本就叫作支持向量（support vector）。图 4.12 的分类间隔为：

$$\gamma = \frac{2}{\|\boldsymbol{\omega}\|} \qquad (4\text{-}46)$$

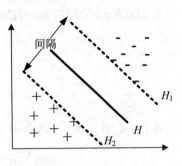

图 4.12　支持向量与间隔

SVM 的核心问题就转化为求得具有最大间隔的超平面，显然我们只需找到最优的参数 $\boldsymbol{\omega}$ 和 b，使得 $\|\boldsymbol{\omega}\|^{-1}$ 最大化，等价于最小化 $\|\boldsymbol{\omega}\|^2$，用表达式描述为：

$$\min_{\boldsymbol{\omega},b} \frac{1}{2}\|\boldsymbol{\omega}\|^2 \qquad (4\text{-}47)$$

$$\text{subject to} \qquad y_i(\boldsymbol{\omega}^{\mathrm{T}}\boldsymbol{x}_i + b) \geq 1, \qquad i = 1,2,\cdots,n$$

这是个二次规划问题：在约束条件 $y_i(\boldsymbol{\omega}^{\mathrm{T}}\boldsymbol{x}_i + b) \geq 1,\ i = 1,2,\cdots,n$ 时，求 $\frac{1}{2}\|\boldsymbol{\omega}\|^2$ 的最小值。由于 $\frac{1}{2}\|\boldsymbol{\omega}\|^2$ 是凸函数，因此又叫作凸二次规划。这样 SVM 研究的主要问题就变为凸二次规划求解问题。为求解，引入拉格朗日（Lagrange）函数，为每个约束条件 $y_i(\boldsymbol{\omega}^{\mathrm{T}}\boldsymbol{x}_i + b) \geq 1$ 增加一个非负的拉格朗日乘子 α_i，这样其拉格朗日函数表示为：

$$L(\boldsymbol{\omega},b,\boldsymbol{\alpha}) = \frac{1}{2}\|\boldsymbol{\omega}\|^2 - \sum_{i=1}^{n}\alpha_i[1 - y_i(\boldsymbol{\omega}^{\mathrm{T}}\boldsymbol{x}_i + b)] \qquad (4\text{-}48)$$

式（4-48）中，$\boldsymbol{\alpha} = (\alpha_1,\alpha_2,\cdots,\alpha_n)$。

根据 Karush-Kuhn-Tucker（KKT）条件，有：

$$\begin{cases} \dfrac{\partial L(\boldsymbol{\omega},b,\boldsymbol{\alpha})}{\partial \boldsymbol{\omega}} = 0 \\[2mm] \dfrac{\partial L(\boldsymbol{\omega},b,\boldsymbol{\alpha})}{\partial b} = 0 \\[2mm] \alpha_i[y_i(\boldsymbol{\omega}^{\mathrm{T}}\boldsymbol{x}_i + b) - 1] = 0 \qquad i = 1,2,\cdots,n \\[2mm] \alpha_i \geq 0 \qquad i = 1,2,\cdots,n \end{cases} \qquad (4\text{-}49)$$

令 $L(\boldsymbol{\omega},b,\boldsymbol{\alpha})$ 分别对 $\boldsymbol{\omega},b$ 的偏导等于 0，可得：

$$\boldsymbol{\omega} = \sum_{i=1}^{n} \alpha_i y_i \boldsymbol{x}_i \qquad (4\text{-}50)$$

$$0 = \sum_{i=1}^{n} \alpha_i y_i \qquad (4\text{-}51)$$

将式（4-50）、式（4-51）代入式（4-48），可得到式（4-47）的对偶公式，即：

$$\max_{\boldsymbol{\alpha}} \sum_{i=1}^{n} \alpha_i - \frac{1}{2}\sum_{i=1}^{n}\sum_{j=1}^{n} \alpha_i \alpha_j y_i y_j \boldsymbol{x}_i^{\mathrm{T}} \boldsymbol{x}_j$$

$$\text{subject to} \qquad \sum_{i=1}^{n} \alpha_i y_i = 0, \quad \alpha_i \geqslant 0, \qquad i=1,2,\cdots,n \qquad (4\text{-}52)$$

进而得到 $\boldsymbol{\alpha}$ 的最优解 $\boldsymbol{\alpha}^* = (\alpha_1^*,\alpha_2^*,\cdots,\alpha_n^*)$，这里的 α_i^* 大部分为 0，不是 0 的 α_i^* 所对应的 $\boldsymbol{x}_i$ 为支持向量。

分别计算最优 $\boldsymbol{\omega}^*$ 和最优 b^*：

$$\boldsymbol{\omega}^* = \sum_{i=1}^{n} \alpha_i^* y_i \boldsymbol{x}_i \qquad (4\text{-}53)$$

$$b^* = y_j - \sum_{i=1}^{n} \alpha_i^* y_i \boldsymbol{x}_i^{\mathrm{T}} \boldsymbol{x}_j \qquad (4\text{-}54)$$

最终可计算出最优超平面：

$$f(\boldsymbol{x}) = \mathrm{sgn}\left\{ \sum_{i=1}^{n} \alpha_i^* y_i \boldsymbol{x}_i^{\mathrm{T}} \boldsymbol{x} + b^* \right\} \qquad (4\text{-}55)$$

式（4-55）中，$\mathrm{sgn}(z)$ 是符号函数，当 $z \geqslant 0$ 时，$\mathrm{sgn}(z)=1$；否则，$\mathrm{sgn}(z)=0$。

（2）非线性可分问题。我们之前讨论的 SVM 只能对线性可分的样本做处理，如果提供的样本是非线性可分的，线性分类器则无能为力。实际中需要处理的样本往往都是线性不可分的，Vapnik 提出了两种解决方法：一是通过非线性变换（引入核函数）将输入控件的非线性可分问题映射到更高维的特征空间转换为线性可分问题；二是通过引入松弛因子来调整超平面，允许分类过程存在一定的错分样本，并使用惩罚因子控制错分的损失。下面我们分别介绍这两种方法的计算过程。

1）引入核函数。在现实中，如果原始样本空间内不存在一个正确划分两类样本的超平面，可以引入核函数将样本从原始空间映射到一个更高维的特征空间，使得样本在高维的特征空间内线性可分，如图 4.13 所示的二维空间样本并非线性可分，映射到三维空间后，这些样本就变得线性可分了。

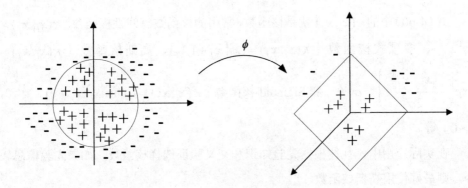

图 4.13　特征映射

将这一映射过程描述如下：首先，将输入向量 $\boldsymbol{x}$ 映射到高维空间中，令 $\phi(\boldsymbol{x})$ 表示映射后的特征向量，则划分超平面所对应的模型表示为：

$$f(\boldsymbol{x}) = \boldsymbol{\omega}^{\mathrm{T}}\phi(\boldsymbol{x}) + b \tag{4-56}$$

同线性可分问题类似，$\boldsymbol{\omega}$ 和 b 是模型参数。其对应的凸二次规划求解问题表示为：

$$\min_{\boldsymbol{\omega},b} \frac{1}{2}\|\boldsymbol{\omega}\|^2 \tag{4-57}$$

$$\text{subject to} \quad y_i[\boldsymbol{\omega}^{\mathrm{T}}\phi(\boldsymbol{x}_i) + b] \geqslant 1, \quad i = 1, 2, \cdots, n$$

代入式（4-48），可得到对偶公式：

$$\max_{\boldsymbol{\alpha}} \sum_{i=1}^{n} \alpha_i - \frac{1}{2}\sum_{i=1}^{n}\sum_{j=1}^{n} \alpha_i \alpha_j y_i y_j \phi(\boldsymbol{x}_i)^{\mathrm{T}}\phi(\boldsymbol{x}_j) \tag{4-58}$$

$$\text{subject to} \quad \sum_{i=1}^{n} \alpha_i y_i = 0, \quad \alpha_i \geqslant 0, \quad i = 1, 2, \cdots, n$$

令 $\kappa(\boldsymbol{x}_i, \boldsymbol{x}_j) = \phi(\boldsymbol{x}_i)^{\mathrm{T}}\phi(\boldsymbol{x}_j)$，式（4-58）可重写为：

$$\max_{\boldsymbol{\alpha}} \sum_{i=1}^{n} \alpha_i - \frac{1}{2}\sum_{i=1}^{n}\sum_{j=1}^{n} \alpha_i \alpha_j y_i y_j \kappa(\boldsymbol{x}_i, \boldsymbol{x}_j) \tag{4-59}$$

$$\text{subject to} \quad \sum_{i=1}^{n} \alpha_i y_i = 0, \quad \alpha_i \geqslant 0, \quad i = 1, 2, \cdots, n$$

分别求 α、ω 和 b 的最优解，最终得到最优超平面：

$$f(\boldsymbol{x}) = \mathrm{sgn}\left\{ \sum_{i=1}^{n} \alpha_i^* y_i \kappa(\boldsymbol{x}_i, \boldsymbol{x}) + b^* \right\} \qquad (4\text{-}60)$$

式（4-60）中的 $\kappa(\boldsymbol{x}_i, \boldsymbol{x}_j)$ 就是核函数，常用的核函数有线性核函数 $[\,\kappa(\boldsymbol{x}_i, \boldsymbol{x}_j) = \boldsymbol{x}_i^{\mathrm{T}} \boldsymbol{x}_j\,]$、多项式核函数 $[\,\kappa(\boldsymbol{x}_i, \boldsymbol{x}_j) = (\boldsymbol{x}_i^{\mathrm{T}} \boldsymbol{x}_j + 1)^d\,]$、高斯核函数 $\Big[\,\kappa(\boldsymbol{x}_i, \boldsymbol{x}_j) = \exp\left(-\dfrac{\|\boldsymbol{x}_i - \boldsymbol{x}_j\|^2}{2\sigma^2}\right),\ \sigma > 0\,\Big]$ 和 Sigmoid 核函数 $[\,\kappa(\boldsymbol{x}_i, \boldsymbol{x}_j) = \tanh(\nu \boldsymbol{x}_i^{\mathrm{T}} \boldsymbol{x}_j + c),\ \nu > 0,\ c < 0\,]$ 等。

在实际应用中，往往根据先验知识和交叉验证选择核函数，如果先验信息较少，则最好使用高斯核函数。

2）引入松弛因子。之前介绍的方法都是假定存在一个超平面能将不同类的样本完全划分开，但在实际分类任务中，可能出现少量样本偏离自己类别的情况，如图 4.14 所示，用黑框框起来的"+"，导致超平面发生变化，间隔变得很小，置信风险变大。缓解该问题的一个方法是允许 SVM 在一些样本上出错。之前讨论的 SVM 是要求所有的样本均满足约束条件，即所有的样本必须划分正确，这称为硬间隔（hard margin），相对的，允许 SVM 在一些样本上出错，这称为软间隔（soft margin），它允许少量样本不满足约束：

$$y_i(\boldsymbol{\omega}^{\mathrm{T}} \boldsymbol{x}_i + b) \geqslant 1 \qquad (4\text{-}61)$$

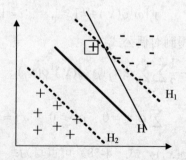

图 4.14　少量样本偏离导致超平面发生变化

引入松弛变量（slack variable）ξ_i，表示允许样本偏离超平面的距离，这样式（4-61）的约束条件变为：

$$y_i(\boldsymbol{\omega}^{\mathrm{T}}\boldsymbol{x}_i + b) \geqslant 1 - \xi_i \tag{4-62}$$

这样目标函数可写为：

$$\min_{\boldsymbol{\omega},b,\xi_i} \frac{1}{2}\|\boldsymbol{\omega}\|^2 + C\sum_{i=1}^{n}\xi_i \tag{4-63}$$

$$\text{subject to} \quad y_i(\boldsymbol{\omega}^{\mathrm{T}}\boldsymbol{x}_i + b) \geqslant 1 - \xi_i, \quad \xi_i \geqslant 0 \qquad i = 1,2,\cdots,n$$

式（4-63）中，C 是惩罚因子，起到平衡模型复杂性和损失误差的作用。结合式（4-48），目标函数转化为：

$$\max_{\boldsymbol{\alpha}} \sum_{i=1}^{n}\alpha_i - \frac{1}{2}\sum_{i=1}^{n}\sum_{j=1}^{n}\alpha_i\alpha_j y_i y_j \boldsymbol{x}_i^{\mathrm{T}}\boldsymbol{x}_j \tag{4-64}$$

$$\text{subject to} \quad \sum_{i=1}^{n}\alpha_i y_i = 0, \quad C \geqslant \alpha_i \geqslant 0, \qquad i = 1,2,\cdots,n$$

非线性可分问题与线性可分问题的唯一区别在于增加了一个对偶变量 α_i 的上限限制。求解器最优解 $\boldsymbol{\alpha}^*$，如果 $\alpha_i^* > 0$，则对应的 $\boldsymbol{x}_i$ 为支持向量；若 $\alpha_i^* = C$，则对应的 $\boldsymbol{x}_i$ 为边界支持向量；若 $0 < \alpha_i^* < C$，则对应的 $\boldsymbol{x}_i$ 为界内支持向量。最终得到最优超平面：

$$f(\boldsymbol{x}) = \mathrm{sgn}\left\{\sum_{i=1}^{n}\alpha_i^* y_i \boldsymbol{x}_i^{\mathrm{T}}\boldsymbol{x} + b^*\right\} \tag{4-65}$$

在实际处理非线性可分问题时，往往会综合以上两种方法，同时引入核函数和松弛变量计算最优超平面。

目前有关 SVM 的研究成果很多，在传统的 SVM 基础上，还提出了多类支持向量机及模糊支持向量机等。由于其出色的泛化能力，SVM 成为文本分类领域的研究热点。很多研究表明，与其他分类算法相比，SVM 具有更好的分类性能：适合大样本集的文本分类，同时不受样本趋于无穷大的理论限制，对小样本分类同样有较高的精度。SVM 的主要缺点在于难以针对具体问题选择合适的核函数，训练速度受样本集规模的影响等。

4.3 神经网络算法

4.3.1 神经网络概述

神经网络又称人工神经网络（Artificial Neural Network， ANN），它是一种应用类似于生物神经突触连接的结构进行信息处理的模型。在生物神经网络中，最基本的单元是神经元，神经元之间互连，当某个神经元"兴奋"时，会向其他相连的神经元发送化学物质，从而改变这些神经元内的电位；当某个神经元的电位超过阈值（threshold），它就会变得"兴奋"起来，向其他神经元发送化学物质。从控制论的观点来看，这可以看作一个多输入单输出非线性系统的动态过程。

1943 年，McCulloch 和 Pitts 将上述过程抽象化[40]，建立了 McCulloch-Pitts 神经元模型，如图 4.15 所示。图中圆形代表当前神经元，接收来自相连的 n 个神经元传来的输入信号，神经元将收到的总输入与阈值进行比较，然后通过激活函数（active function）处理产生输出。

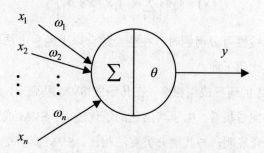

图 4.15 McCulloch-Pitts 神经元模型

上一过程可表示为：

$$y = f\left(\sum_{i=1}^{n} \omega_i x_i - \theta \right) \tag{4-66}$$

式（4-66）中，y 表示当前神经元的输出；f 表示激活函数；w_i 是网络连接权值，表示第 i 个神经元与当前神经元的连接强度；x_i 表示第 i 个神经元向当前神经元传输的输入信号；θ 表示当前神经元的阈值。

将多个神经元按一定的层次结构连接起来，就构成了神经网络。一个神经网络中含有多个神经元，其中第 i 个神经元模型可以表示为：

$$y_i = f\left(\sum_{j=1}^{n} \omega_{ji} x_j - \theta_i\right) \tag{4-67}$$

式（4-67）中，y_i 表示第 i 个神经元的输出；f 表示激活函数；w_{ji} 是网络连接权值，表示第 j 个神经元与第 i 个神经元的连接强度；x_j 表示第 j 个神经元传输的输入信号；θ_i 表示第 i 个神经元的阈值。使用神经网络进行学习，就是根据训练样本调整神经元之间的连接权值和每个神经元的阈值。

神经网络的激活函数实际上是一种映射关系，表示从累计输入到输出的映射，常用的激活函数有阶跃函数和 Sigmoid 函数。阶跃函数如下：

$$\text{sgn}(x) = \begin{cases} 1, & x \geqslant 0 \\ 0, & x < 0 \end{cases} \tag{4-68}$$

阶跃函数的输出值为 0 或 1，其中 0 对应于神经元抑制状态，而 1 对应于神经元兴奋状态。但是由于阶跃函数的不连续、不光滑等性质，实际中常选择 Sigmoid 函数：

$$s(x) = \frac{1}{1 + e^{-x}} \tag{4-69}$$

神经网络的优势在于它本身属于非线性模型，能够适应现实世界中的各种复杂数据关系，能以任意精度逼近任何函数，适用于文本分类领域。基于神经网络的分类算法有很多[36]，常见的有：反向传播（Back Propagation，BP）神经网络，径向基函数（Radial Basis Function，RBF）神经网络、Elman 神经网络和 Boltzmann 机等，其中 BP 神经网络是一种按误差反向传播（error Back Propagation，BP）算法训练的多层前馈网络，在分类中应用最为广泛。需要注意的是 BP 算法是一种训练算法，不仅适用于 BP 神经网络，还适用于其他类型的神经网络。

4.3.2　BP 神经网络

多层前馈神经网络是这样的层级结构：有三层或以上的神经元，每层神经元与下一层神经元全互连，神经元之间不存在同层或跨层连接，如图 4.16 所示。该神经网络共有三层，分别是输入层、隐含层和输出层。其中输入层神经元接收外界信号的输入，隐含层和输出层神经元对信号进行加工，最终结果由输出层神经元输出，其中隐含层可以有多层。

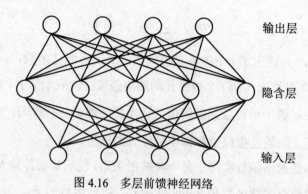

输出层

隐含层

输入层

图 4.16　多层前馈神经网络

使用 BP 神经网络进行文本分类分为训练和预测两步，在训练阶段建立一个 BP 神经网络模型，然后从一个已知类别的训练集中，学习到神经网络各层的参数：包括各层的连接权值和各神经元的阈值。学习过程分为正向传播和反向修正两个阶段，通过重复多次，得到一个稳定的神经网络模型；在预测阶段使用训练得到的神经网络模型对一篇未知类别的文本进行分类。

（1）正向传播阶段。给定训练样本集 $D = \{(t_1, c_1), (t_2, c_2), \cdots, (t_n, c_n)\}$，$t_k \in \mathbb{R}^d$，$c_k \in \mathbb{R}^m$，即输入样本集由 d 个特征词项描述，输出类别有 m 种。图 4.17 给出了该训练样本集对应的 BP 神经网络模型：拥有 d 个输入层神经元，m 个输出层神经元及 q 个隐含层神经元，其中输入层神经元个数与样本特征词项个数一致，而输出层神经元的个数与样本类别数量一致，而隐含层神经元个数的调整较为复杂，个数过多会影响训练的速度，而个数过少又会影响模型精确度，一般通过试错法（trial-by-error）来确定。

图 4.17 中输入层第 i 个神经元 t_i 表示文本的第 i 个特征词项；输出层第 j 个神经元 c_j 表示第 j 类，分别定义如下：

$$t_i = \begin{cases} 1, & \text{文本中存在特征集合中的第} i \text{个特征词项} \\ 0, & \text{文本中不存在特征集合中的第} i \text{个特征词项} \end{cases} \qquad (4\text{-}70)$$

$$c_j = \begin{cases} 1, & \text{文本属于第 } j \text{ 类} \\ 0, & \text{文本中不属于第 } j \text{ 类} \end{cases} \quad (4\text{-}71)$$

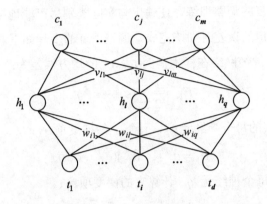

图 4.17 BP 神经网络模型

令输入层神经元 t_i 到隐含层神经元 h_l 的连接权值为 w_{il}，隐含层神经元 h_l 到输出层神经元 c_j 的连接权值为 v_{lj}，输出层神经元 c_j 的阈值为 θ_j，隐含层神经元 h_l 的阈值为 γ_l。正向传播阶段中，在 (0,1) 范围内随机初始化以上所有的连接权值和阈值。

那么，隐含层第 l 个神经元收到的输入为：

$$\alpha_l = \sum_{i=1}^{d} t_i w_{il} \quad (4\text{-}72)$$

输出层第 j 个神经元收到的输入为：

$$\beta_j = \sum_{l=1}^{q} h_l v_{lj} \quad (4\text{-}73)$$

式（4-73）中 h_l 表示隐含层第 l 个神经元的输出，假设输出层和隐含层神经元都使用 Sigmoid 函数，则有：

$$h_l = f\left(\sum_{i=1}^{d} t_i w_{il} - \gamma_l \right) = f(\alpha_l - \gamma_l) \quad (4\text{-}74)$$

$$c_j = f\left(\sum_{l=1}^{q} h_l v_{lj} - \theta_j \right) = f(\beta_j - \theta_j) \quad (4\text{-}75)$$

对训练样本集中任意一个样本实例 (t_k, c_k)，根据式（4-72）～式（4-75）可计算神经网络模型输出 $\hat{c}^k = (\hat{c}_1^k, \hat{c}_2^k, \cdots, \hat{c}_m^k)$。

（2）反向修正阶段。在反向修正阶段，使用梯度下降策略，对各层的连接权值和阈值进行反复的调整训练，使输出与实际类别尽可能地接近，当输出层的误差平方和小于指定的误差时训练完成。调整训练的步骤如下。

1）计算 BP 神经网络在样本实例 (t_k, c_k) 上的均方误差为：

$$E_k = \frac{1}{2}\sum_{j=1}^m (c_j^{\ k} - \hat{c}_j^{\ k})^2 \qquad (4\text{-}76)$$

2）对输出层的每个神经元 c_j，计算它的梯度项 δ_j：

$$\delta_j = \hat{c}_j^{\ k}(1 - \hat{c}_j^{\ k})(c_j^{\ k} - \hat{c}_j^{\ k}) \qquad (4\text{-}77)$$

对隐含层的每个神经元 h_l，计算它的梯度项 δ_l：

$$\delta_l = h_l(1 - h_l)\sum_{j=1}^m v_{lj}\delta_j \qquad (4\text{-}78)$$

根据计算的梯度项，分别更新之前的参数 w_{il}、v_{lj}、γ_l 和 θ_j：

$$w_{il} = w_{il} + \eta\delta_l t_i \qquad (4\text{-}79)$$

$$v_{lj} = v_{lj} + \eta\delta_j h_l \qquad (4\text{-}80)$$

$$\gamma_l = \gamma_l - \eta\delta_l \qquad (4\text{-}81)$$

$$\theta_j = \theta_j - \eta\delta_j \qquad (4\text{-}82)$$

式（4-79）～式（4-82）中的 $\eta[\eta \in (0,1)]$ 表示学习率，控制更新步长。步长太大容易引起震荡，太小则会引起收敛速度过慢，实际应用中一般取值 0.1。

3）根据更新后的参数，重新计算当前样本的输出 $\hat{c}_j^k$。

4）误差平方和小于指定的误差，停止训练并输出当前的 w_{il}、v_{lj}、γ_l 和 θ_j；否则，跳至第 2）步。

以上是有关 BP 神经网络中反向修正阶段的调整训练的介绍，当一个待分类文本到达时，可根据调整训练得到的模型进行类别的预测。

BP 神经网络与概率无关，只要增加隐含层层数就可以以任意精度逼近任何非线性函数，这使得其应用范围非常广泛。但增加神经网络的层数时传统的 BP 神经网络会遇到局部最优、过拟合及梯度扩散等问题。在 2010 年前后，随着计算能力的迅猛提升和大数据的涌现，多隐含层神经网络的优异性越来越显著，克服了神经网络训练速度慢、过拟合等不足，引出了对深度学习（Deep Learning）的研究，有关深度学习的模型已在第 3 章介绍，在此不再赘述。

4.4 集成学习

前几节我们介绍了经典的机器学习算法，但这些算法在文本分类领域各有利弊：如朴素贝叶斯算法计算速度较快，但分类精度欠佳；支持向量机在非线性可分情况下选取核函数只能靠经验选取；kNN 算法对高维文本计算效率很低；神经网络算法存在收敛速度慢的缺陷等。大量的实验表明，单一的机器学习算法难以高效准确地实现文本分类，因此引入了集成学习（ensemble learning）的思想提高分类模型的性能及泛化能力。

集成学习通过构建并结合多个基学习器来完成学习任务[41,42]，如图 4.18 所示，并将它们的结果按照一定的策略进行集成，形成一个强学习器，以显著提高学习系统的性能及泛化能力。在集成学习中根据基学习器是否相同分为同质（homogeneous）和异质（heterogeneous）两类。同质集成学习中包含的基学习器都是同种类型的，如神经网络算法集成、决策树算法集成、支持向量机集成等，通过调整不同的超参数训练多个基学习器；异质集成学习中包含的基学习器是不同类型的，比如同时包含神经网络算法和决策树算法。

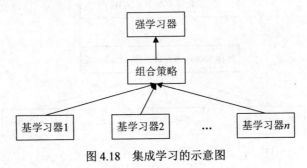

图 4.18 集成学习的示意图

集成学习通过将多个基学习器结合起来，旨在获得比最好的单一学习器更好的性能，这也是集成学习研究的核心。根据基学习器的依赖关系，可以将集成学习分为两类：序列集成方法和并行集成方法，前者参与训练的基学习器按顺序生成，代表算法是 Bagging 算法；后者参与训练的基学习器并行生成，基学习器之间无依赖关系，代表算法是 Boosting 算法。

4.4.1　Bagging 算法

1996 年，Beriman 提出了 Bagging 算法，它是并行集成学习方法的著名代表。Bagging 的名称源于 bootstrap aggregation，bootstrap[43]是一种重采样技术，给定一个大小为 n 个样本集，通过从原始样本集中有放回地抽取 n 个样本：随机选取一个样本，再将该样本放回初始样本集，使得下次采样时该样本仍可能被选中，如此重复 n 次，得到与原样本集大小相同的一个采样集。

Bagging 算法应用于文本分类的基本思想是：使用 bootstrap 方式采样出 m 个包含 n 个样本的采样集，然后对每个采样集训练共得到 m 个基分类器，分别使用这些基分类器预测分类结果，并采用相对多数投票的方式得到最终的分类结果，算法的流程图如图 4.19 所示，其中 $\mathrm{I}[C_i(x)=y]$ 的定义见 4.2.5 节的指示性函数。投票法（voting）是分类任务中常见的基学习器组合策略，有绝对多数投票法、相对多数投票法和加权投票法。绝对多数投票法是选取得票过半数的类别作为分类结果；相对多数投票法是选取得票最多的类别；加权投票法是给每个基学习器分配一个权重，将权重与预测类别进行加权，最大的作为分类结果。

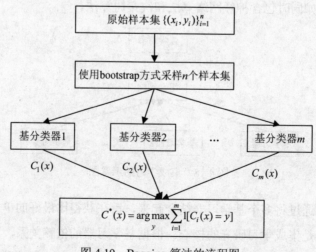

图 4.19　Bagging 算法的流程图

随机森林（Random Forest）是 Bagging 算法的一个变体，它的基学习器均为决策树算法。由于其在实际应用中表现出来的强大性能，被誉为"代表集成学习技术水平的方法"。它的主要思想是：使用 bootstrap 方式采样出 m 个包含 N 个样本的采样集，然后对每个采样集训练共得到 m 棵决策树，将多棵树组成随机森林，采用投票方式决定最终分类结果。

4.4.2 Boosting 算法

与 Bagging 算法不同，Boosting 算法是一种序列集成方法。它的基本思想是：先从初始的训练样本中训练出一个弱分类器（误差概率小于 0.5 的学习器），这个分类器会导致部分训练样本无法正确分类。给予每个训练样本一个相同的权重，训练第一个弱分类器并用它对训练样本集测试，然后对于分类错误的样本提高权重，并用调整过权值的训练样本集训练第二个弱分类器，重复进行，直至弱分类器的数目达到实现给定值为止，最后将训练过程中每个基分类器训练得到的结果进行加权投票，得到最终的分类器。

AdaBoost 算法是最常用的一种 Boosting 算法，自 1995 年 Freund 和 Schapire 提出以来，其在机器学习领域得到极大关注。大量实验结果显示，无论是用于人造数据集还是真实数据集，AdaBoost 算法均能显著提高学习精度。最初的 AdaBoost 算法用于二分类问题，其主要思想为：给定一个训练样本集 $D = \{(x_1, y_1), (x_2, y_2), \cdots, (x_n, y_n)\}$，$x_i \in \mathbb{R}^d$，$y_i \in \{+1, -1\}$。初始化时给定每个训练样本一个相同的权重 $1/n$，并调用弱分类器进行训练，每次训练后，对训练失败的样本赋予较大的权重，反复训练 T 轮，从而获得一个预测函数序列 $h_1, h_2, \cdots, h_T$，每个预测函数都有一定的权重，预测效果好的函数权重较大，反之较小。最终的预测函数 $H(x)$ 对分类问题采用有权重的投票方式获得。其算法流程如下：

输入：训练样本集 $D = \{(x_1, y_1), (x_2, y_2), \cdots, (x_n, y_n)\}$，$x_i \in \mathbb{R}^d$，$y_i \in \{+1, -1\}$；迭代次数 T 和弱学习器。

初始化：权重系数 $\omega_1(i) = \dfrac{1}{n}$，$i = 1, 2, \cdots, n$。

执行：for $t = 1, 2, 3, \cdots, T$。具体步骤如下：

（1）使用弱分类器对有权重的训练样本集学习，得到一个适当的分类器 $h_t : x \rightarrow \{+1, -1\}$。

（2）计算 h_t 的训练偏差 $\varepsilon_t = P[h_t(x_i) \neq y_i] = \sum_{i=1}^{n} \omega_t(i) 1[h_t(x_i) \neq y_i]$ ，其中 $1[h_t(x_i) \neq y_i]$ 的定义见 4.2.5 节的指示性函数。

（3）判断：若 $\varepsilon_t = 0$ 或 $\varepsilon_t \geqslant 0.5$ ，令 $T = t-1$ ，并跳出循环。

（4）令弱分类器权重 $\alpha_t = \frac{1}{2} \ln \frac{1-\varepsilon_t}{\varepsilon_t}$ 。

（5）更新权重系数 $\omega_{t+1}(i) = \frac{\omega_t(i)\exp[-\alpha_t y_i h_t(x_i)]}{Z_t}$ ，其中 Z_t 是归一化系数，可使得

$\sum_{i=1}^{n} \omega_{t+1}(i) = 1$ 。

输出：$H(x) = \mathrm{sign}\left[\sum_{t=1}^{T} \alpha_t h_t(x)\right]$ 。

　　AdaBoost 算法的流程图如图 4.20 所示。标准的 AdaBoost 算法适用于二分类问题，当用于多分类问题时，可以将 N 类问题转化为 $N{-}1$ 个二分类问题，那么在 N 类问题中就需要构造 $N(N{-}1)/2$ 个 AdaBoost 分类器。AdaBoost 算法具有显著改善弱分类器的分类精度，不需要先验知识且理论扎实等优点，但也存在一些缺陷：如多分类理论并不完善，对噪声数据敏感等。

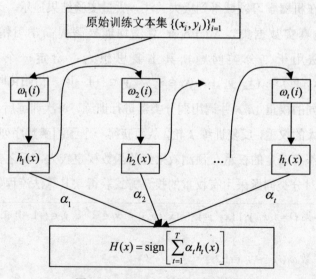

图 4.20　AdaBoost 算法的流程图

4.5　分类算法的性能评价指标

前几节我们介绍了在文本分类领域常用的分类算法。各分类算法的性能评价是文本分类研究中的一项重要课题，如何建立一套客观公正的评价机制，使得各算法可以在统一的基准下比较，是非常有价值的。统一的基准应该包括：使用标准的数据集进行比较和选择合适的性能评价指标。

用于文本分类比较的标准数据集根据其应用范围可分为通用数据集和专用数据集两类，其中通用数据集有 Reuters-21578-路透社财经新闻数据集、20Newsgroups-新闻组数据集、中科院 TanCorp 数据集等；专用数据集有垃圾邮件数据集（Ling-Spam 数据集、中科院计算所垃圾邮件语料库（Cspam）和网页数据集（WebKB、搜狗互联网语料库）等，研究者在比较分类器性能时可自由选择，尽量选取使用广泛的数据集，使得比较结果可信。

接下来我们重点介绍常见的分类器性能评价指标[44]。

1.　错误率和精确度

在分类任务中，我们常常关注错误率（error rate）和精确度（accuracy），此两者既适用于二分类问题也适用于多分类问题。错误率是错误分类的样本数占样本总数的比例，精确度则是正确分类的样本数占样本总数的比例。假设有训练样本集 $D = \{(x_1, y_1), (x_2, y_2), \cdots, (x_n, y_n)\}$，则错误率的定义为：

$$err = \frac{1}{n}\sum_{i=1}^{n} 1[f(x_i) \neq y_i] \qquad (4\text{-}83)$$

精确度的定义公式为：

$$acc = 1 - err = \frac{1}{n}\sum_{i=1}^{n} 1[f(x_i) = y_i] \qquad (4\text{-}84)$$

式（4-84）中，$1[f(x_i) = y_i]$ 取值规则为：1{真值表达式}=1,1{假值表达式}=0。

由式（4-83）、式（4-84）可知，错误率和精确度是互补关系，在实际应用中，一般两者选其一即可。

2. 准确率和召回率

尽管错误率和精确率较为常用，但并不能全面反映分类性能。以二分类的不平衡数据集为例，假设正反样例比例为 1:100，这样即使将所有的样本类别均判断为反例，精确度仍为 99%。为更全面地衡量分类性能，定义了准确率（precision）和召回率（recall）。

对于分类问题，所有的样本经过分类器处理后，可有分类正确或错误的 4 种组合情况，见表 4.2：其中 TP_i 表示真实类别是 c_i 且分类器判断是 c_i 的样本数目；FP_i 表示真实类别不是 c_i 但分类器判断是 c_i 的样本数目；FN_i 表示真实类别是 c_i 但分类器判断不是 c_i 的样本数目；TN_i 表示真实类别不是 c_i 且分类器判断不是 c_i 的样本数目。不难看出，样本的总数为 $TP_i + FP_i + FN_i + TN_i$。

表 4.2   类别 c_i 的列联表

属于类别 c_i		专家判断	
		是	否
分类器判断	是	TP_i	FP_i
	否	FN_i	TN_i

准确率定义为分类器判断为属于类别 c_i 的样本中判断正确的比例，表达式为：

$$P = \frac{TP_i}{TP_i + FP_i} \tag{4-85}$$

召回率定义为真实类别 c_i 的样本中被分类器正确判断的比例，表达式为：

$$R = \frac{TP_i}{TP_i + FN_i} \tag{4-86}$$

一般来说，分类器的准确率和召回率这两个标准是矛盾的：单纯地提高准确率就会导致召回率的降低，反之亦然。尽管一个好的分类器应该同时具有较高的准确率和较高的召回率，在实际中，往往需要在这两个指标之间做一个折衷，不至于使其中一个过低。

3. 平衡点

为综合考虑准确率和召回率，全面反映分类器性能，一种做法是取准确率 P

等于召回率 R 的值作为表征系统性能的度量，这个值叫作平衡点（Break-Even Point，BEP）。

4. F 测度

另一种常用的综合考虑准确率和召回率的性能度量是 F 测度。1979 年 Van Rijsbergen 将两者综合考虑，给出测度 F_β 的定义：

$$F_\beta = \frac{(1+\beta^2) \times P \times R}{\beta^2 \times P + R} \tag{4-87}$$

式（4-87）中，$\beta > 0$ 是调整参数，用于调整准确率 P 对于召回率 R 的相对比重。β 一般取值为 1，这样就得到 F_1 测度：

$$F_1 = \frac{2 \times P \times R}{P + R} \tag{4-88}$$

5. 宏平均和微平均

准确率、召回率、平衡点及 F 测度都是基于某个类别 c_i 进行计算，只能对分类器在该类别上的性能进行评价。如果想评价分类器在整个样本集的总体性能，需要引入宏平均（macroaveraging）和微平均（microaveraging）。其中宏平均是每个类别的性能评价指标的算术平均值，微平均是每个样本的性能评价指标的算术平均。为方便描述，我们引入全局列联表见表 4.3。

表 4.3　全局列联表

类别集合 $C = \{c_1, \cdots, c_{|C|}\}$		专家判断	
		是	否
分类器判断	是	$TP = \sum_{i=1}^{|C|} TP_i$	$FP = \sum_{i=1}^{|C|} FP_i$
	否	$FN = \sum_{i=1}^{|C|} FN_i$	$TN = \sum_{i=1}^{|C|} TN_i$

宏平均的准确率、召回率及 F_1 测度定义为：

$$\text{macro } P = \frac{\sum_{i=1}^{|C|} P_i}{|C|} \tag{4-89}$$

$$\text{macro } R = \frac{\sum_{i=1}^{|C|} R_i}{|C|} \tag{4-90}$$

$$\text{macro } F_1 = \frac{2 \times \text{macro } P \times \text{macro } R}{\text{macro } P + \text{macro } R} \tag{4-91}$$

微平均的准确率、召回率及 F_1 测度定义为：

$$\text{micro } P = \frac{TP}{TP + FP} \tag{4-92}$$

$$\text{micro } R = \frac{TP}{TP + FN} \tag{4-93}$$

$$\text{micro } F_1 = \frac{2 \times \text{micro } P \times \text{micro } R}{\text{micro } P + \text{micro } R} \tag{4-94}$$

4.6　本章小结

分类算法是设计实现分类器的理论基础，是当前的研究重点。早期的文本分类是基于知识工程的方法，即由专业的研究员手工编写分类规则指导分类，其显著缺点是依赖于专家；面向特定领域；分类器建设周期长。自 20 世纪 90 年代起，因特网的迅速发展导致文本数据量大幅度增加，基于知识工程的方法无法满足实际应用的需要，逐渐被基于机器学习的方法替代，我们现阶段所说的文本分类主要是基于机器学习的文本分类。

基于机器学习的文本分类算法可以细分为基于规则的算法、基于统计的算法、神经网络算法，及集成学习算法 4 类。其中基于规则的算法以决策树算法为代表，其主要优点是数据形式易于理解，但存在过拟合的风险；在文本分类领域常用的基于统计的算法包括 Rocchio 算法、kNN 算法、朴素贝叶斯算法、Logistic 回归算法、Softmax 回归算法和支持向量机等，其中 Rocchio 算法和 kNN 算法的优点是模型简单且有效，Rocchio 算法的缺点在于其样本集线性可分的假设，限制了其应用范围；而 kNN 算法的缺点在于它是惰性算法，其时空开销较大。朴素贝叶斯算法的特征独立性假设，虽与现实应用不符，但却表现优秀，因此在文本分类中应用广泛；Logistic 回归算法主要用于二分类问题，其优点是计算的代价不高，其缺点是容易欠拟合；Softmax 回归算法是 Logistic 回归算法在多分类问题上的推广；支持向量机具有扎实的理论基础，且拥有很好的泛化能力，是目前分类性能最好的分类算法之一。神经网络算法与概率无关，理论上可以以任意精度逼近任何非线性函数，这使得其应用范围非常广泛，但神经网络算法的主要缺点是训练效率低下。近年来随着深度学习技术的发展，神经网络的性能壁垒被打破。集成学习通过构建并结合多个基学习器来完成学习任务，与单一的机器学习算法相比，可以提高分类器模型的性能及泛化能力。

分类算法的性能评价是文本分类技术的重要环节之一，有效的性能评价指标可以促进分类技术的良性发展。在本章的最后我们介绍了文本分类中常见的 5 类性能评价指标。

第 5 章　多标签文本分类技术

分类问题根据输出形式和类标签数量可以划分为：

（1）二分类（binary classification）问题：类别数目为 1，输出为样本是否属于该类别。

（2）多分类（multi-class classification）问题：类别数目大于等于 2，输出为向量，代表样本属于其中一个类别。

（3）多标签文本分类（multi-label classification）问题：类别数目大于等于 2，输出为类别向量，代表样本属于的多个类别。

二分类问题和多分类问题中，一个样本只属于一种类别，即只有一种类标签，我们统称为单标签分类问题。多标签文本分类问题中一个样本可能拥有多个类标签。

上一章我们讨论的是单标签文本分类算法，即各类别间是互斥的，即分类器只能将一个文本划分到一个类别中。但在现实中，由于文本数据具有多样性和模糊性，一篇文档可能同时具有多个类标签，比如一篇财经新闻报道同时有"政治""贸易"和"金融"的类标签；我们在博客上发表一篇有关 SVM 的博文时，会设置"人工智能"和"机器学习"等多个不同的类标签；有学者通过研究路透社的 80 多万条新闻，发现平均每条新闻同时属于 20 多个不同类别。多标签文本分类是要为每一个文本尽可能地标注出所有相关的类标签，从而达到自动分类管理的目的。随着大数据时代的到来，多标签文本分类在现实生活中应用更加广泛，如何找到一种快速有效且具有较高分类正确率的多标签文本分类算法成为机器学习领域研究的热点之一[45-50]。本章我们将介绍多标签文本分类的相关技术。

5.1 多标签文本分类问题描述

多标签文本分类问题用数学语言描述为：使用 $\chi = \mathbb{R}^d$ 代表 d 维特征向量输入空间；$Y = \{0,1\}^L$ 代表类标签集合 $\Gamma = \{\lambda_1, \lambda_2, \cdots, \lambda_L\}$ 的一个 L 维向量输出空间；给定训练文本集 $D = \{(\boldsymbol{x}_1, Y_1), (\boldsymbol{x}_2, Y_2), \cdots, (\boldsymbol{x}_m, Y_m)\}$，其中每个训练文本 $\boldsymbol{x}_i = [x_{i1}, x_{i2}, \cdots, x_{id}]$ 是一个 d 维的特征向量，而 $Y_i \subseteq \Gamma$ 是文本 $\boldsymbol{x}_i$ 的类标签集合。$\boldsymbol{y}_i = [y_{i1}, y_{i2}, \cdots, y_{id}]$ 是类标签向量，如果文本 $\boldsymbol{x}_i$ 含有类标签集合 Γ 中的第 m 个标签 λ_m，则 y_{im} 的值为 1；否则 y_{im} 的值为 0。求解多标签文本分类器 $h(\boldsymbol{x})$ 在实际中就是求得一个映射函数 $f : \mathbb{R}^d \to 2^L$，来预测未知样本的类标签向量。

衡量多标签程度最自然的方法就是使用标签基数 $LCard(D) = \dfrac{1}{m}\displaystyle\sum_{i=1}^{m}|Y_i|$，也就是每个样本的平均类标签数量，其中 $|g|$ 表示集合的势。标签密度通过标签空间内所有标签的数量来归一化标签基数：$LDen(D) = \dfrac{1}{|\Gamma|}LCard(D)$。另一个衡量多标签程度的测度是标签差异 $LDiv(D) = \left|\{Y \mid \exists \boldsymbol{x} : (\boldsymbol{x}, Y) \in D\}\right|$，也就是数据集中不同标签集的数量。同样，也可进行规范化：$PLDiv(D) = \dfrac{1}{|D|}LDiv(D)$。

大部分情况下，多标签文本分类器返回一个实值函数 $f : \chi \times \Gamma \to \mathbb{R}$，其中 $f(\boldsymbol{x}, y)$ 表示 $y \in \Gamma$ 是样本 $\boldsymbol{x}$ 的类标签的置信度。特别地，给定一个多标签样本 $(\boldsymbol{x}, Y)$，当相关标签 $y' \in Y$ 时，$f(\boldsymbol{x}, y)$ 应输出较大值；当不相关标签 $y'' \notin Y$ 时 $f(\boldsymbol{x}, y)$ 应输出较小值，也就是 $f(\boldsymbol{x}, y') > f(\boldsymbol{x}, y'')$。多标签文本分类器 $h(\boldsymbol{x})$ 可以表示为：$h(\boldsymbol{x}) = \{y \mid f(\boldsymbol{x}, y) > t(\boldsymbol{x}), y \in \Gamma\}$，其中 $t(\boldsymbol{x})$ 是一个阈值函数，将标签空间二分为相关标签集和不相关标签集。

假设某样本空间的类标签集合为 $\Gamma = \{\lambda_1, \lambda_2, \lambda_3, \lambda_4\}$，经预测某样本含有的类标签为 λ_2、λ_3、λ_4，那么输出的类标签向量为 $[0,1,1,1]$。表 5.1 给出单标签分类与多标签文本分类问题输出的对比。

表 5.1　单标签分类与多标签文本分类问题输出的对比

样本	特征向量	二分类问题 $y \in L = \{0,1\}$	多分类问题 $y \in L = \{\lambda_1,\lambda_2,\lambda_3,\lambda_4\}$	多标签文本分类问题				
				y_1	y_2	y_3	y_4	$Y \subseteq L = \{\lambda_1,\lambda_2,\lambda_3,\lambda_4\}$
1	x_1	1	λ_2	1	1	0	1	$\{\lambda_1,\lambda_2,\lambda_4\}$
2	x_2	0	λ_4	0	0	0	1	$\{\lambda_4\}$
3	x_3	1	λ_3	0	1	1	1	$\{\lambda_2,\lambda_3,\lambda_4\}$
4	x_4	0	λ_1	1	0	1	0	$\{\lambda_1,\lambda_2\}$

5.2　多标签文本分类算法

多标签文本分类问题可以视为多标签文本分类问题。现有的多标签文本分类算法主要分为两大类：问题转换法（Problem Transformation method）和算法适应法（Algorithm Adaptation method）。问题转换法的思路是将多标签文本分类问题分解成一系列的单标签分类问题，然后运用成熟的单标签分类算法进行分类，最后再将结果集成。而算法适应法则是直接改进现有的单标签分类算法，使其能适应多标签文本分类问题。

5.2.1　问题转换法

问题转换法中比较有代表性的算法有二元关系（Binary Relevance，BR）算法、分类器链（Classfier Chains，CC）算法、标签幂集（Label Powerset，LP）算法和随机 k 标签幂集（Random k-Labelsets，RAkEL）算法，下面我们分别进行介绍。

1. 二元关系（BR）算法

BR 算法假设类标签之间是相互独立的，对于标签集中的每个类标签，它都要学习一个二分类器。假设类标签的个数为 m，BR 算法将一个多标签文本分类问题转换成 m 个二分类问题，每个二分类问题的结果是正例或反例。对于待测试样本，分别用这 m 个二分类器进行分类，将得到正例的标签组合到一起就是样本的最终类标签。表 5.2 为表 5.1 样本集应用 BR 算法的转换结果。

表 5.2　表 5.1 样本集应用 BR 算法的转换结果

样本	标签 λ_1	样本	标签 λ_2	样本	标签 λ_3	样本	标签 λ_4
1	正例	1	正例	1	反例	1	正例
2	反例	2	反例	2	反例	2	正例
3	反例	3	正例	3	正例	3	正例
4	正例	4	正例	4	反例	4	反例

现有一个测试样本 x，分别用这 4 个二分类器进行分类，分类结果为反例、正例、正例、反例。那么其最终类标签为 $\{\lambda_2,\lambda_3\}$，对应的类标签向量为[0,1,1,0]。

BR 算法的主要优点是与其他算法相比，它的计算复杂度较低，与类标签个数成正比。它的局限性在于标签之间独立性的假设，忽略了标签之间的关联性，而在现实中很多领域的类标签间或多或少有一定的关联，导致分类效果不尽如人意；另外经 BR 算法转换后，还可能会出现样本不均衡现象。

2. 分类器链（CC）算法

CC 算法与 BR 算法类似：将一个多标签文本分类任务转换成 m 个二分类问题。不同的是，CC 算法考虑了标签之间的相关性，即第 m 个二分类器预测时，需要将前 $m-1$ 个分类器的分类结果加入到样本特征空间向量，进而形成一个分类器链，提高分类的准确性。

CC 算法思路如下：使用特征空间向量表示的测试样本 x，首先通过第一个类标签二分类器预测，看它是否具有第一个标签 λ_1，将预测结果（如用 0 表示反例；1 表示正例）加到的特征空间向量中，得到扩展后的 $x^{(1)}$；将 $x^{(1)}$ 通过第二个类标签二分类器预测，看它是否具有第一个标签 λ_2，将预测结果加到的特征空间向量中，得到扩展后的 $x^{(2)}$；之后依次经过所有的类标签分类器，形成一个分类器链结构。表 5.3 为表 5.1 样本集应用 CC 算法的转换结果。

表 5.3　将表 5.1 样本集应用 CC 算法的转换结果

样本	标签 λ_1	样本	标签 λ_2	样本	标签 λ_3	样本	标签 λ_4
x	正例	$[x,1]$	正例	$[x,1,1]$	反例	$[x,1,1,0]$	反例

CC 算法保留了 BR 算法计算复杂度低的优点，同时考虑了标签之间的关联性，

提高分类的准确性。但是标准的 CC 算法中，经过分类器的顺序不同可能导致最终分类结果的差异，因此 Read 等人提出了集成分类器链（Ensemble of Classifier Chains，ECC）算法。ECC 通过训练多个随机分类器顺序的 CC 链，将每个类标签的投票结果累加并设置一个阈值，当某个标签被选中的总和超过这个阈值时，该样本具有该类标签，否则不具有该类标签。Dembczy′nski 等人引入概率论的思想，提出了 PCC（Probabilistic Classifier Chains）算法，使用贝叶斯优化理论构造 CC 链。通过测试所有可能的分类器顺序，预测概率较大的一系列类标签作为样本的类标签集。PCC 算法准确率优于 CC 算法，但是其算法复杂度有了一定的升高，研究表明，PCC 算法更适用于类标签个数少于 16 个的情况。

3. 标签幂集（LP）算法

LP 算法的核心思想是将每个训练样本所属的标签子集看作一个新的类标签，称为 labelset。通过这种方法可以将多标签文本分类问题转化为新的类标签集下的单标签多分类问题。表 5.4 为表 5.1 样本集应用 LP 算法的思路，原本的类标签集合 $\Gamma = \{\lambda_1, \lambda_2, \lambda_3, \lambda_4\}$，经训练后样本 1、3、4 形成新的类标签 $\lambda_{1,2,4}$、$\lambda_{2,3,4}$ 和 $\lambda_{1,2}$，于是新的类标签集扩展为：$\Gamma' = \{\lambda_1, \lambda_2, \lambda_3, \lambda_4, \lambda_{1,2,4}, \lambda_{2,3,4}, \lambda_{1,2}\}$。这样就可以选择第 4 章的单标签分类算法对新样本进行分类预测。

表 5.4　表 5.1 样本集应用 LP 算法的思路

样本	$Y \subseteq L$
1	$\lambda_{1,2,4}$
2	λ_4
3	$\lambda_{2,3,4}$
4	$\lambda_{1,2}$

LP 算法的优点是考虑到了类标签之间的相关性，但是缺点是增加了类标签的数量，造成算法复杂度的提高；并且部分类标签只有很少的样本，加剧了样本不均衡现象；除此之外，LP 算法预测的标签集是训练样本中出现过的，不能泛化到未出现的标签集。实验表明，LP 算法应用于初始标签集较小的数据集时，表现良好。

4. 随机 *k* 标签幂集（RAkEL）算法

RAkEL 算法是对 LP 算法的集成。RAkEL 算法将原始的类标签集合 Γ 随机划分为 *M* 个含有 *k* 个类标签的子集: *k*-labelset，然后用 LP 分类器分别训练每个类标签子集对应的样本，最后组合这 *M* 个 LP 分类器作为最终的分类器。当有待分类样本到达时，首先统计所有 LP 分类器的投票，然后由计算所有标签的投票支持率，通过设置阈值（一般为 0.5）筛选出支持率大于 0.5 的几个类别作为最终预测结果。表 5.5 为 RAkEL 算法的投票组合实例，给出了一个待分类样本经过 7 个 LP 分类器后的预测结果，最终选取投票率大于 0.5 的标签作为预测类标签。其中初始类标签集合 $\Gamma = \{\lambda_1, \lambda_2, \lambda_3, \lambda_4, \lambda_5, \lambda_6\}$，*k*=3，LP 分类器个数为 7。表 5.5 中的数据来源于参考文献[10]。

表 5.5 RAkEL 算法的投票组合实例

分类器	3-labelset	λ_1	λ_2	λ_3	λ_4	λ_5	λ_6
h_1	$\{\lambda_1, \lambda_2, \lambda_6\}$	1	0	—	—	—	1
h_2	$\{\lambda_2, \lambda_3, \lambda_4\}$	—	1	1	0	—	—
h_3	$\{\lambda_3, \lambda_5, \lambda_6\}$	—	—	0	—	0	1
h_4	$\{\lambda_2, \lambda_4, \lambda_5\}$	—	0	—	0	0	—
h_5	$\{\lambda_1, \lambda_4, \lambda_5\}$	1	—	—	0	1	—
h_6	$\{\lambda_1, \lambda_2, \lambda_3\}$	1	0	1	—	—	—
h_7	$\{\lambda_1, \lambda_4, \lambda_6\}$	0	—	—	1	—	0
投票率		3/4	1/4	2/3	1/4	1/3	2/3
最终预测值		1	0	1	0	0	1

RAkEL 算法充分考虑了标签间的关联性，还弥补了 LP 算法的算法复杂度高及样本不均衡的不足，最重要的是可以泛化到未出现的标签集，如表 5.5 的最终预测类标签为 $\{\lambda_1, \lambda_3, \lambda_6\}$。其缺点是输入参数过多: *k* 大小、LP 分类器个数、阈值等，在训练样本不足的情况下难以找到最优化参数。

5.2.2 算法适应法

算法适应法的思路是改进现有的单标签分类算法，或者直接提出新的算法，应用到多标签分类问题中。其关键在于如何考虑不同类标签之间的关联性，进而提高预测性能。算法适应法主要有以下几种。

1. 基于决策树算法的多标签文本分类算法

C4.5 算法是单标签分类算法中的经典决策树算法，其主要优点是鲁棒性和执行效率高。2001 年，Clare 和 King 改进了 C4.5 算法[51]，即 ML-C4.5 算法，使其可以应用于多标签文本分类问题。

C4.5 算法自上而下的构建一棵决策树，其中叶子结点是归属类别，非叶子结点是属性值，它是基于信息熵的决策树算法。ML-C4.5 算法允许叶子结点为类标签集，并改进了原信息熵公式，具体为：

$$\text{Ent}(D) = -\sum_{j=1}^{m} p_j \log_2 p_j \tag{5-1}$$

其中，D 表示样本集合中，m 是类别总数量，p_j 代表其中第 j 类样本所占比例。将信息熵公式由 5-1 修改为：

$$\text{Ent}(D) = -\sum_{j=1}^{m} [p_j \log_2 p_j + (1-p_j) \log_2 (1-p_j)] \tag{5-2}$$

Zhang 等人对该算法的流程进行了详细描述[48]，大致思想如下：在决策树的非叶子结点上选择最高信息增益的属性，将样本划分为左右子集，再对各子集递归建立左右子集，当满足停止条件时结束。然后根据生成的决策树模型，对未知样本分类：沿根结点遍历路径到叶子结点，计算叶子结点样本子集中每个标签为 0 和 1 的概率，概率超过 0.5 的标签即为该样本的类标签。

2. 基于 kNN 算法的多标签文本分类算法

kNN 算法简单且有效，是一种常用的单标签分类算法。很多学者提出了将其扩展为多标签文本分类算法，其中比较典型的有 2005 年 Zhang 和 Zhou 提出的 ML-kNN 算法[52]、2008 年 Spyromitros 等人提出的 BRkNN 算法[53]。

（1）ML-kNN 算法。ML-kNN 算法运用贝叶斯定理计算样本的 k 个近邻类标签出现的后验概率，使用最大化后验概率准则计算未知样本的类标签集。

ML-kNN 算法思路如下：假设样本空间为给定训练文本集 $D = \{(\boldsymbol{x}_1, Y_1), (\boldsymbol{x}_2, Y_2), \cdots, (\boldsymbol{x}_n, Y_n)\}$，类标签集为 $\Gamma = \{\lambda_1, \lambda_2, \cdots, \lambda_L\}$；对于待分类样本 $\boldsymbol{x}$，预测输出类标签

集为 $Y_x \subseteq \Gamma$。定义 $N(x)$ 表示它在样本空间内的 k 个近邻。定义 C_j 为待分类样本 x 的 k 个近邻中类标签含有 λ_j 的数量，即：

$$C_j = \sum_{(x^*, Y^*) \in N(x)} 1(\lambda_j \in Y^*) \tag{5-3}$$

式（5-3）中 $1(\lambda_j \in Y^*)$ 的取值为：当 $\lambda_j \in Y^*$ 成立时（也就是其近邻样本输出的类标签中包含标签 λ_j）取 1，反之取 0。

定义 H_j 为样本 x 含有类标签 λ_j 这一事件；$P(H_j | C_j)$ 表示在样本 x 的 C_j 个近邻含有类标签 λ_j 的条件下，样本 x 也含有类标签 λ_j 的后验概率；$P(\neg H_j | C_j)$ 表示在样本 x 的 C_j 个近邻含有类标签 λ_j 的条件下，样本 x 不含有类标签 λ_j 的后验概率；根据最大后验概率准则，样本 x 的预测类标签集由 $P(H_j | C_j)$ 和 $P(\neg H_j | C_j)$ 中较大的一个决定，如果 $P(H_j | C_j) > P(\neg H_j | C_j)$，则含有类标签 λ_j；否则样本 x 不含有类标签 λ_j。

换句话说，我们只需要计算 $\dfrac{P(H_j | C_j)}{P(\neg H_j | C_j)}$ 就可以预测样本的类标签集。根据贝叶斯理论有：

$$\frac{P(H_j | C_j)}{P(\neg H_j | C_j)} = \frac{P(H_j) \times P(C_j | H_j)}{P(\neg H_j) \times P(C_j | \neg H_j)} \tag{5-4}$$

式（5-4）中，$P(H_j)$ 表示样本空间中每个标签 λ_j 被选中的先验概率；$P(\neg H_j)$ 表示标签 λ_j 未被选中的概率；$P(C_j | H_j)$ 是条件后验概率，表示样本 x 含有类标签 λ_j 的条件下，样本 x 的 C_j 个近邻也含有类标签 λ_j 的似然估计；$P(C_j | \neg H_j)$ 表示样本 x 不含有类标签 λ_j 的条件下，样本 x 的 C_j 个近邻也含有类标签 λ_j 的似然估计。这两种概率都可以直接通过相关事件发生的频率来获得。

同 kNN 算法一样，ML-kNN 算法也是一种懒惰学习算法，在分类时没有训练过程，直接在线分类。ML-kNN 算法的具体分类过程为：

1）首先统计样本空间中每个标签 λ_j 被选中的先验概率 $P(H_j)$，表达式为：

$$P(H_j) = \frac{s + \sum_{i=1}^{m} 1(\lambda_j \in y_i)}{s \times 2 + m} \tag{5-5}$$

$$P(\neg H_j) = 1 - P(H_j)$$

式（5-5）中，m 是样本空间中样本的数量；s 是平滑系数，一般取 1 表示采用拉普拉斯平滑。

2）计算样本空间标签集中样本 x_i 的 $k+1$ 个邻居：$N(x_i)$ 选用欧式距离作为相似性度量。

3）估计用于计算 $P(C_j | H_j)$ 和 $P(C_j | \neg H_j)$ 的中间量 $\kappa_j[r]$ 和 $\tilde{\kappa}_j[r]$。$\kappa_j[r]$ 是训练样本集中，含有类标签 λ_j 且有 r 个邻居也含有类标签 λ_j 的样本个数；$\tilde{\kappa}_j[r]$ 是训练样本集中，不含类标签 λ_j 且有 r 个邻居含有类标签 λ_j 的样本个数，具体表达式为：

$$\kappa_j[r] = \sum_{i=1}^{m} 1(\lambda_j \in y_i) \times 1[\delta_j(x_i) = r] \quad (0 \leqslant r \leqslant k) \tag{5-6}$$

$$\tilde{\kappa}_j[r] = \sum_{i=1}^{m} 1(\lambda_j \notin y_i) \times 1[\delta_j(x_i) = r] \quad (0 \leqslant r \leqslant k) \tag{5-7}$$

式（5-6）及式（5-7）中，$\delta_j(x_i)$ 是 x_i 的 k 个近邻中类标签含有 λ_j 的数量。

4）预测样本 x 的类标签集合。具体步骤如下：

①首先确定样本 x 的 k 个近邻。

②对所有的类标签，统计 C_j 的数量：

$$C_j = \sum_{(x^*, Y^*) \in N(x)} 1(\lambda_j \in Y^*) \tag{5-8}$$

③分别计算 $P(C_j | H_j)$ 和 $P(C_j | \neg H_j)$：

$$P(C_j | H_j) = \frac{s + \kappa_j[C_j]}{s \times (k+1) + \sum_{r=0}^{k} \kappa_j[r]} \quad (1 \leqslant j \leqslant L, 0 \leqslant C_j \leqslant k) \tag{5-9}$$

$$P(C_j | \neg H_j) = \frac{s + \tilde{\kappa}_j[C_j]}{s \times (k+1) + \sum_{r=0}^{k} \tilde{\kappa}_j[r]} \quad (1 \leqslant j \leqslant L, 0 \leqslant C_j \leqslant k) \tag{5-10}$$

④计算 $\alpha = \dfrac{P(H_j | C_j)}{P(\neg H_j | C_j)}$，如果 $\alpha > 1$，则含有类标签 λ_j，否则不含类标签 λ_j。

ML-kNN 算法的优势在于算法效率高，但是未考虑各标签的相关性，且未考虑待分类样本的 k 个近邻与待分类样本距离的远近，很多学者针对 ML-kNN 算法的缺点提出了改进算法，进一步提高了分类效果[54-57]。

（2）BRkNN 算法。BRkNN 算法将 BR（Binary Relevance）算法和 kNN 算法

结合起来，用于多标签文本分类问题。但是由于 BR 算法需要构建 L 个分类器（L 是样本空间标签集元素的个数），导致直接结合 BR 算法和 kNN 算法的计算时间是计算相同规模的 kNN 算法的 L 倍。为避免多余的计算，BRkNN 算法扩展了 kNN 算法：对未知样本分类时，搜索一遍样本 k 个近邻对应的类标签后，就对每个类标签进行单独预测，最后将这 L 个类标签的预测值组合在一起，作为样本的类标签预测结果。

此外，为避免在预测一个未知样本时产生空的类标签集，BRkNN 算法还提出了两种扩展算法：BRkNN-a 和 BRkNN-b。这两种改进都基于每个类标签的置信值（confidence）的计算。每个类标签的置信值等于样本的 k 个近邻中含有该类标签的百分比，定义为：

$$c_\lambda = \frac{1}{k} \sum_{j=1}^{k} 1(\lambda \in Y_j) \tag{5-11}$$

其中，c_λ 表示标签 λ 的置信值；$1(\lambda \in Y_j)$ 的取值为：当 $\lambda \in Y_j$ 成立时取 1，反之取 0。

BRkNN-a 算法的思路是：当 BRkNN 算法满足输出类标签集为空的条件时（类标签集中的所有标签在待分类样本的 k 个近邻中包含的比例不足 50%），计算各类标签的置信值，输出置信值最高的类标签作为待分类样本的类标签，这样每个样本的类标签集至少包含一个类标签，实验证明这能小幅度地提高预测准确率。

BRkNN-b 算法的思路是：首先对待分类样本，计算它在样本空间中的 k 个最近邻，并统计这 k 个邻居的平均类标签数量 s，取整后的 s 就是预测样本的类标签集中的元素个数。s 的定义为：

$$s = \frac{1}{k} \sum_{j=1}^{k} |Y_j| \tag{5-12}$$

然后计算各类标签的置信值 c_λ 并进行排序，取置信值最高的前[s]（[s]表示对 s 取整）个类标签作为待分类样本的类标签集。

Spyromitros 等人[58]通过实验结果表明，与 BRkNN 算法相比，BRkNN 算法的两个扩展算法分类性能均得到有利改善，其中 BRkNN-a 算法更适用于类标签集的势较小的样本集，而 BRkNN-b 算法用于类标签集的势较大的样本集时更具优势。

除 BRkNN 算法外，研究人员还尝试将 LP、RAkEL 等算法分别与 kNN 算法结合，以期获得较好的分类效果。由于篇幅原因，在此不做详细介绍。

3. 基于概率模型的多标签文本分类算法

多标签文本分类问题的主流方法依赖于判别式模型，如决策树算法、支持向量机、神经网络算法等，但一些生成式模型（通过计算后验概率分布估计样本归属类别）也相继被提出。最早的基于概率模型的多标签文本分类算法（混合模型算法）由 McCallum 在 1999 年提出[59]。2002 年，Ueda 和 Saito 提出了两种参数化混合模型（Parametric Mixture Models，PMMs）算法[60]，用于多标签文本分类问题。这两种算法均是基于词袋模型的，忽略单词在文档中的顺序，仅适用于多标签文本分类。2009 年，Zhang 等人提出了多标签朴素贝叶斯（Multi-Label Naïve Bayes，MLNB）分类算法[61]：首先基于主成分分析（Principal Component Analysis，PCA）特征提取技术剔除不相关及冗余特征项，进行数据降维，之后利用基于遗传算法（Genetic Algorithm，GA）的特征子集选择技术，选择最合适的特征子集进行预测。下面对这 3 种算法分别进行介绍。

（1）混合模型算法。混合模型算法将贝叶斯算法应用于多标签文本分类问题中。首先定义一个概率生成模型，该模型指出文档中的单词是由各个类标签的单词分布混合生成。生成过程是这样的：首先选择一组类别作为这个文档的类标签，并为这些类别生成一组混合权重，然后根据每个混合权重选择一个类别，让该类别生成一个单词，从而生成文档中的所有单词。模型的各参数通过对标记的训练数据的最大后验估计学习而来。最后使用 EM 算法学习混合权重和每个类别的混合单词分布。

1）定义概率生成模型。生成模型包含类标签集 $C = \{c_1, c_2, \cdots, c_n\}$，每个文档都与这些类的某个子集相关联，可以将其视为二值向量 $\vec{c}$，所有可能的类别集合记为 C^*。c_j 是每个类的单词的分布概率 $P(w_k | c_j)$，其中单词空间 $V = \{w_1, w_2, \cdots, w_m\}$。给定一个类标签集，每个文档可由这些单词的分布混合生成，混合权重表示为 $\vec{\lambda}$，其中与 $\vec{c}$ 中没有的类相关的 $\vec{\lambda}$ 的分量为 0，混合权重是从混合权重分布 $P(\vec{\lambda} | \vec{c})$ 选择的。已标记类标签的训练数据由文档集合 $D = \{d_1, d_2, \cdots, d_N\}$ 构成，其中文档 d_i 关联的类标签向量记为 $\vec{l}_i$。

先从概率分布 $P(\vec{c})$ 中选取一个类标签集，然后根据 $P(\vec{\lambda} | \vec{c})$ 在这些类标签中

选择混合权重，接下来生成文档中的每个单词。根据 $\vec{\lambda}$ 中的混合权重选择一个类，然后让这个类根据其多词概率 $P(w_k|c_j)$ 生成一个单词，进而生成文档中的每个单词。那么文档的概率可记为：

$$P(d) = \sum_{\vec{c} \in C^*} \int d\vec{\lambda} P(\vec{\lambda}|\vec{c}) \prod_{w \in d} \sum_{c \in C} \lambda_c P(w|c) \tag{5-13}$$

对于任意文档，我们都希望选择的类标签集是最可能的：$\vec{c}^+ = \arg\max_{\vec{c}} P(\vec{c}|d)$，$P(\vec{c}|d)$ 计算式如下：

$$P(\vec{c}|d) \approx P(\vec{c}) \prod_{w \in d} \sum_{c \in C} \lambda_c^{(\vec{c})} P(w|c) \tag{5-14}$$

式（5-14）中，$\vec{\lambda}^{(\vec{c})} = \arg\max_\lambda P(\lambda|\vec{c})$，表示给定类标签集合 $\vec{c}$ 时，最可能的混合权重向量 $\vec{\lambda}$。

2）对式（5-14）进行参数估计，所有的参数通过最大后验估计学习而来。其中类标签集的先验概率分布记为：

$$P(\vec{c}) = \frac{m + N(d, \vec{c})}{m|C^*| + |D|} \tag{5-15}$$

式（5-15）中，$N(d, \vec{c})$ 是已标记的训练文本集中类标签向量为 $\vec{c}$ 的文档数量；m 是平滑参数，当 $m=1$ 时表示采用拉普拉斯平滑。

但其他的参数并不能直接由训练文本集估算，接下来采用 EM 算法，在 E 步估算每个训练文档中的每个单词由哪个类负责生成，即 $P(c|w \in d_i)$，并在 M 步利用 E 步的结果来估算每个类最可能的混合权重 $\vec{\lambda}_c^{(\vec{c})}$ 和每个类中单词的概率分布 $P(w|c)$，因此有：

$$P(c|w \in d_i) = \frac{\vec{\lambda}_c^{(\vec{l}_i)} P(w|c)}{\sum_{c'} \vec{\lambda}_{c'}^{(\vec{l}_i)} P(w|c')} \tag{5-16}$$

$$\vec{\lambda}_c^{(\vec{c})} = \frac{1 + \sum_{d_i \in \vec{c}} N(w, d_i) P(c|w \in d_i)}{|C| + \sum_{c' \in \vec{c}} \sum_{d_i \in \vec{c}} N(w, d_i) P(c'|w \in d_i)} \tag{5-17}$$

$$P(w_i|c) = \frac{\sum_{d \in D} N(w_i, d) P(c|w_i)}{\sum_{w' \in V} \sum_{d \in D} N(w', d) P(c|w')} \tag{5-18}$$

式（5-17）及式（5-18）中 $N(w,d)$ 表示单词 w 出现在文档 d 中的次数。将估算的 $P(w|c)$ 代入式（5-14）的 $P(\vec{c}|d)$，取最大的 $P(\vec{c}|d)$ 对应的 $\vec{c}$ 作为文档的类标签子集。

（2）PMM*s* 算法。PMM*s* 算法包含 PMM1 和 PMM2 两种模型，PMM2 模型是 PMM1 模型的更为灵活的版本。PMM*s* 模型的基本假设是多标签文本中有一个若干特征词的混合，这些特征词出现在属于各个类的单标签文本中，并假设 PMM1 模型的目标函数为凸函数。

PMM*s* 算法基于词袋模型，那么文档集中的第 n 个文档 d^n，可由词频向量 $x^n = (x_1^n, \cdots, x_V^n)$ 表示，其中 x_i^n 表示词汇表 $v = <w_1, \cdots, w_V>$ 中的单词 w_i 在文档 d^n 中出现的频率；V 为词汇表中单词的总数量；文档 d^n 的类标签向量表示为 $y^n = (y_1^n, \cdots, y_L^n)$，当 d^n 属于第 l 个类别时，y_l^n 为 1；否则为 0。需要注意的是共预定义了 L 种类别，并且一个文档至少属于其中的一类。

在多标签文本分类问题中，用 x 表示的文档的类标签向量 y 可以通过以下多项式分布生成：

$$P(x \mid y) \propto \prod_{i=1}^{V} [\varphi_i(y)]^{x_i} \tag{5-19}$$

式（5-19）中，$\varphi_i(y)$ 是第 i 个单词出现在归属类别 y 的文档中的类相关概率，且满足条件 $\varphi_i(y) \geq 0$ 且 $\sum_{i=1}^{V} \varphi_i(y) = 1$。

一般而言，多标签文档中的单词可以看作与每个类别相关的特征词的混合。如一篇包含"体育"和"音乐"两种类标签的文档，是由与两种类别相关的特征词混合组成的。在 PMM1 模型中，令 $\theta_l = (\theta_{l,1}, \cdots, \theta_{l,V})$，其中 $\theta_{l,i}$ 表示第 i 个单词 w_i 出现在归属于第 l 个类别的文档中的概率，则 $\varphi(y) = [\varphi_1(y), \cdots, \varphi_V(y)]$ 可表示为：

$$\varphi(y) = \sum_{l=1}^{L} h_l(y)\theta_l \tag{5-20}$$

式（5-20）中当 $y_l = 0$ 时 $h_l(y) = 0$，并且 $\sum_{l=1}^{L} h_l(y) = 1$，$h_l(y)$ 可以理解为包含第 l 个类标签的可信程度（degree）。

在 PMM1 模型中，可信程度的表达式为：

$$h_l(y) = \frac{y_l}{\sum_{l'=1}^{L} y_{l'}} \tag{5-21}$$

将式（5-21）代入到式（5-20），进而代入到式（5-19）中，可得到 PMM1 模型的定义为：

$$P(\boldsymbol{x} \mid \boldsymbol{y}, \Theta) \propto \prod_{i=1}^{V} \left(\frac{\sum_{l=1}^{L} y_l \theta_{l,i}}{\sum_{l'=1}^{L} y_{l'}} \right)^{x_i} \tag{5-22}$$

式（5-22）中的未知参数集合为：$\Theta = \{\boldsymbol{\theta}_l\}_{l=1}^{L}$。在 PMM1 模型中，$\varphi(\boldsymbol{y})$ 近似等于 $\{\boldsymbol{\theta}_l\}$，可看做一阶近似模型；而 PMM2 模型是更灵活的二阶模型，它使用了复制类别（duplicate-category）参数向量 $\boldsymbol{\theta}_{l,m}$ 来近似 $\varphi(\boldsymbol{y})$，即：

$$\varphi(\boldsymbol{y}) = \sum_{l=1}^{L} \sum_{m=1}^{L} h_l(\boldsymbol{y}) h_m(\boldsymbol{y}) \boldsymbol{\theta}_{l,m} \tag{5-23}$$

式（5-23）中 $\boldsymbol{\theta}_{l,m} = \alpha_{l,m} \boldsymbol{\theta}_l + \alpha_{m,l} \boldsymbol{\theta}_m$，$\alpha_{l,m}$ 是一个非负的偏置项满足 $\alpha_{l,m} + \alpha_{m,l} = 1$，显然 $\alpha_{l,l} = 0.5$。

PMM2 模型定义为：

$$P(\boldsymbol{x} \mid \boldsymbol{y}, \Theta) \propto \prod_{i=1}^{V} \left(\frac{\sum_{l=1}^{L} \sum_{m=1}^{L} y_l y_m \theta_{l,m,i}}{\sum_{l=1}^{L} y_l \sum_{m=1}^{L} y_m} \right)^{x_i} \tag{5-24}$$

式（5-24）中的未知参数集合为 $\Theta = \{\boldsymbol{\theta}_l, \alpha_{l,m}\}_{l=1,m=1}^{L,L}$。

PMMs 模型的重点在于 Θ 的推导。令 $D = \{(x^n, y^n)\}_{n=1}^{N}$ 表示待训练数据集，N 为文档的类标签数量；Θ 可由最大后验概率密度函数 $P(\Theta \mid D)$ 估算。具体推算步骤可参见文献[60]。

（3）MLNB 算法。MLNB 算法将传统的朴素贝叶斯分类器应用到了多标签文本分类。对与类标签集 $Y \subseteq \Upsilon$ 相关的一个实例 $x \in \mathbb{R}^d$，其类别向量为 $\vec{y}_x$，当标签 $l \in Y$ 时，$\vec{y}_x(l) = 1$ 否则 $\vec{y}_x(l) = 0$。给定测试实例 $t = (t_1, t_2, \cdots, t_d)^{\mathrm{T}}$，令 H_1^l 表示 t 含有类标签 l，H_0^l 表示 t 不含类标签 l。对测试实例 t，基于最大后验概率准则其类别向量 $\vec{y}_t$ 可定义为：

$$\vec{y}_t(l) = \arg\max_{b \in \{0,1\}} P(H_b^l \mid t), \quad l \in \Upsilon \tag{5-25}$$

基于贝叶斯准则，并假设特征项间类条件独立，式（5-25）可写为：

$$\vec{y}_t(l) = \arg\max_{b \in \{0,1\}} \frac{P(H_b^l) P(t \mid H_b^l)}{P(t)} = \arg\max_{b \in \{0,1\}} P(H_b^l) \prod_{k=1}^{d} P(t_k \mid H_b^l) \tag{5-26}$$

建模 $P(t_k|H_b^l)$ 可采用多种分布函数形式，Zhang[61]将式（5-26）的类条件概率 $P(t_k|H_b^l)$ 定义为：

$$P(t_k|H_b^l) = g(t_k,\mu_k^{lb},\sigma_k^{lb}), \quad 1 \leqslant k \leqslant d \quad (5\text{-}27)$$

式（5-27）中的 $g(t_k,\mu_k^{lb},\sigma_k^{lb})$ 表示 H_b^l 条件下，第 k 个特征项的高斯概率密度函数，其中 μ_k^{lb} 为均值，σ_k^{lb} 为标准差。此时，忽略常值可重新计算 $\vec{y}_t$：

$$\vec{y}_t(l) = \arg\max_{b\in\{0,1\}} P(H_b^l)\exp(\phi_b^l), \quad \phi_b^l = -\sum_{k=1}^{d}\frac{(t_k-\mu_k^{lb})^2}{2\sigma_k^{lb^2}} - \sum_{k=1}^{d}\ln\sigma_k^{lb} \quad (5\text{-}28)$$

在式（5-28）中，如果 d 的维度较高会造成 ϕ_b^l 在负方向上极大，从而导致 $\exp(\phi_b^l)$ 超出计算范围。为避免这个问题，可先将 $P(H_1^l|t)$ 定义为：

$$P(H_1^l|t) = \frac{P(H_1^l)}{P(H_1^l) + P(H_0^l)\exp(\phi_0^l-\phi_1^l)} \quad (5\text{-}29)$$

式（5-29）中的 $\exp(\phi_0^l-\phi_1^l)$ 是可计算的。然后令 $P(H_0^l|t)=1-P(H_1^l|t)$，这样代入式（5-25）即可估计输出的类标签。以上是 MLNB-BASIC 算法大致的流程，受两个因素的影响其分类效率较低。第一，MLNB-BASIC 算法中特征值类条件独立的假设，即特定类的某特征值独立于其余的特征值，这与现实应用不符；第二，MLNB-BASIC 算法将多标签文本分类问题分解为若干个独立的单标签分类问题，忽略了各实例中不同标签间的相互影响。

因此 MLNB 算法引入 PCA+GA 的特征提取技术降低原 MLNB-BASIC 算法的类条件独立假设带来的负作用。PCA 在第 3 章已经介绍，此处将 d 维的特征空间转换到 q 维，q 远小于 d。接下来使用 GA 算法进一步处理，使用 GA 算法需考虑样本的群体类型表示和适应度函数。

群体类型：群体中的个体被简单表示为 d 维的二值向量。给定一个体 $\vec{h}$，当第 l 个原始特征被保留下来时，$\vec{h}(l)=1$；如果第 l 个原始特征被剔除，则 $\vec{h}(l)=0$。

适应度值函数：首先通过保留 $\vec{h}$ 选中的特征值，将原始的训练样本集转换为新的训练样本集 E；然后将新的训练样本集随机分为几乎等大的 10 个小的训练样本集：$E_1,\cdots,E_{10}$；最后使用十折交叉验证法计算适应度值 $\vec{h}$。个体 $\vec{h}$ 的适应度值计算式如下：

$$\text{Fit}(\vec{h}) = \frac{1}{10} \sum_{i=1}^{10} \frac{\text{hloss}_{E_i}(h_i) + \text{rloss}_{E_i}(f_i)}{2} \tag{5-30}$$

式（5-30）中，$\text{hloss}_{E_i}(h_i)$ 和 $\text{rloss}_{E_i}(f_i)$ 分别表示多标签文本分类的评价方法中的汉明损失和排序损失（见 5.3 节）；h_i 是多标签文本分类器，f_i 是在 $E_1 \sim E_i$ 上使用 MLNB-BASIC 算法训练学习得到的实值函数。

经 GA 算法处理后选出最有用的特征子集，然后使用 MLNB-BASIC 算法输出类标签集。

4. 基于支持向量机的多标签文本分类算法

SVM 在二分类问题中性能表现优异，是单标签文本分类常用的算法之一。很多学者对 SVM 进行改进，使其适用于多标签数据集的分类。其中最有代表性的有两种算法，分别是 Elisseeff 和 Weston 于 2001 年提出的 Rank-SVM 算法[62]，以及 2004 年 Godbole 和 Sarawagi 提出的 SVM-HF 算法[63]，下面分别进行介绍。

（1）Rank-SVM 算法。Rank-SVM 算法采用传统支持向量机的"最大化间隔"策略，加入最小化排序损失（Ranking Loss，具体定义见 5.3 节）函数作为约束条件，认为与样本相关的类标签排名应高于与该样本无关的类标签排名，并支持使用核技巧处理非线性多标签文本分类问题。

Rank-SVM 算法的具体思路如下：假设样本空间为给定训练文本集 $D = \{(x_1, Y_1), (x_2, Y_2), \cdots, (x_n, Y_n)\}$，类标签集为 $\Gamma = \{\lambda_1, \lambda_2, \cdots, \lambda_L\}$；对于待分类样本 x，预测输出类标签集为 $Y_x \subseteq \Gamma$。

Rank-SVM 算法由 L 个线性分类器构成 $W = \{(\omega_j, b_j) | 1 \leq j \leq L\}$，式中 $\omega_j \in \mathbb{R}^d$ 是第 j 个类标签 λ_j 的权值向量，$b_j \in \mathbb{R}$ 是第 j 个类标签 λ_j 的偏置项（bias）。我们的目的是求取这 L 个分类器对应的 ω_j 和 b_j。给定一个样本 (x_i, Y_i)，根据最小化排序损失函数约束，Rank-SVM 算法将样本到"相关-不相关"类标签对的分类间隔定义为：

$$\min_{(\lambda_j, \lambda_k) \in Y_i \times \bar{Y}_i} \frac{\langle \omega_j - \omega_k, x_i \rangle + b_j - b_k}{\| \omega_j - \omega_k \|} \tag{5-31}$$

式（5-31）中，$\langle \omega_j - \omega_k, x_i \rangle$ 返回向量内积。$\bar{Y}_i$ 是样本 x_i 的类标签集 Y_i 的补集。对每个"相关-不相关"类标签对 $(\lambda_j, \lambda_k) \in Y_i \times \bar{Y}_i$，它们对应的分类超平面是

$\langle \boldsymbol{\omega}_j - \boldsymbol{\omega}_k, \boldsymbol{x}_i \rangle + b_j - b_k = 0$。式（5-31）计算样本到所有的"相关-不相关"类标签对的超平面的距离，取最小值作为样本的分类间隔。因此，在整个样本空间的分类间隔定义为：

$$\min_{(\boldsymbol{x}_i, Y_i) \in D} \min_{(\lambda_j, \lambda_k) \in Y_i \times \overline{Y}_i} \frac{\langle \boldsymbol{\omega}_j - \boldsymbol{\omega}_k, \boldsymbol{x}_i \rangle + b_j - b_k}{\| \boldsymbol{\omega}_j - \boldsymbol{\omega}_k \|} \tag{5-32}$$

如果 Rank-SVM 算法可以排序所有训练样本的"相关-不相关"类标签对，式（5-32）的分类间隔将大于 0；在这种理想情况下，我们重新调整线性分类器使得以下两式成立：

$$\langle \boldsymbol{\omega}_j - \boldsymbol{\omega}_k, \boldsymbol{x}_i \rangle + b_j - b_k > 1 \quad (\forall \quad 1 \leq i \leq m, (\lambda_j, \lambda_k) \in Y_i \times \overline{Y}_i) \tag{5-33}$$

$$\langle \boldsymbol{\omega}_{j^*} - \boldsymbol{\omega}_{k^*}, \boldsymbol{x}_{i^*} \rangle + b_{j^*} - b_{k^*} = 1 \quad (\exists \quad 1 \leq i^* \leq m, (\lambda_{j^*}, \lambda_{k^*}) \in Y_{i^*} \times \overline{Y}_{i^*}) \tag{5-34}$$

此时，最大化分类间隔为：

$$\max_{W} \min_{(\boldsymbol{x}_i, Y_i) \in D} \min_{(\lambda_j, \lambda_k) \in Y_i \times \overline{Y}} \frac{1}{\| \boldsymbol{\omega}_j - \boldsymbol{\omega}_k \|^2} \tag{5-35}$$

$$\text{subject to} \quad \langle \boldsymbol{\omega}_j - \boldsymbol{\omega}_k, \boldsymbol{x}_i \rangle + b_j - b_k \geq 1 \quad (1 \leq i \leq m, (\lambda_j, \lambda_k) \in Y_i \times \overline{Y})$$

与 SVM 一样，Rank-SVM 算法转化为二次优化问题。假设有足够的训练样本，也就是对每个类标签对 (λ_j, λ_k)（$j \neq k$），样本空间都存在样本 $(\boldsymbol{x}, Y)$ 满足：$(\lambda_j, \lambda_k) \in Y_i \times \overline{Y}$。调换式（5-35）的分子分母，最大化分类间隔可表示为：

$$\min_{W} \max_{1 \leq j \leq k \leq L} \| \boldsymbol{\omega}_j - \boldsymbol{\omega}_k \|^2 \tag{5-36}$$

$$\text{subject to} \quad \langle \boldsymbol{\omega}_j - \boldsymbol{\omega}_k, \boldsymbol{x}_i \rangle + b_j - b_k \geq 1 \quad (1 \leq i \leq m, (\lambda_j, \lambda_k) \in Y_i \times \overline{Y})$$

为克服求解 max 算子带来的困难，Rank-SVM 算法使用求和算子来近似简化式（5-36），则有：

$$\min_{W} \sum_{j=1}^{L} \| \boldsymbol{\omega}_j \|^2 \tag{5-37}$$

$$\text{subject to} \quad \langle \boldsymbol{\omega}_j - \boldsymbol{\omega}_k, \boldsymbol{x}_i \rangle + b_j - b_k \geq 1 \quad (1 \leq i \leq m, (\lambda_j, \lambda_k) \in Y_i \times \overline{Y})$$

在实际的分类问题中，式（5-37）的约束无法完全满足。与 SVM 类似，可引入松弛变量将式（5-37）改写为：

$$\min_{\{W,\Xi\}} \sum_{j=1}^{L} \|\boldsymbol{\omega}_j\|^2 + C \sum_{i=1}^{m} \frac{1}{|Y_i||\overline{Y_i}|} \sum_{(\lambda_j,\lambda_k) \in Y_i \times \overline{Y_i}} \xi_{ijk} \tag{5-38}$$

$$\text{subject to} \quad \langle \boldsymbol{\omega}_j - \boldsymbol{\omega}_k, \boldsymbol{x}_i \rangle + b_j - b_k \geqslant 1 \quad (1 \leqslant i \leqslant m, (\lambda_j, \lambda_k) \in Y_i \times \overline{Y}, \xi_{ijk} \geqslant 0)$$

式（5-38）中，$\Xi = \{\xi_{ijk} \mid 1 \leqslant i \leqslant m, (\lambda_j, \lambda_k) \in Y_i \times \overline{Y}\}$ 是松弛变量集，C 是惩罚因子。目标函数由两部分之和组成，第一部分对应于分类间隔的计算，第二部分对应于排序损失。

通过对式（5-38）的二次优化问题进行求解，可以求取 L 个线性分类器 $W = \{(\boldsymbol{\omega}_j, b_j) \mid 1 \leqslant j \leqslant L\}$。为了使 Rank-SVM 算法能应用于非线性分类问题，可引入核技巧求解式（5-38）的"对偶形式"。

接下来，求解 Rank-SVM 分类器的阈值函数 $t(x)$：

$$t(x) = \langle \boldsymbol{\omega}^*, \boldsymbol{f}^*(x) \rangle + b^* \tag{5-39}$$

式（5-39）中 $\boldsymbol{f}^*(\boldsymbol{x}) = (f(\boldsymbol{x}, \lambda_1), f(\boldsymbol{x}, \lambda_2), \cdots, f(\boldsymbol{x}, \lambda_L))^{\mathrm{T}} \in \mathbb{R}^L$，是一个 L 维的叠加向量，其分量 $f(\boldsymbol{x}, \lambda_j) = \langle \boldsymbol{\omega}_j, \boldsymbol{x} \rangle + b_j$ 对应于分类系统在各类标签上的实际输出。

Rank-SVM 算法使用线性最小二乘法求解阈值函数的参数：L 维的权值向量 $\boldsymbol{\omega}^* \in \mathbb{R}^d$ 和偏置项 $b^* \in \mathbb{R}$，具体表达式如下：

$$\min_{\{\boldsymbol{\omega}^*, b^*\}} \sum_{i=1}^{m} [\langle \boldsymbol{\omega}^*, \boldsymbol{f}^*(x) \rangle + b^* - s(\boldsymbol{x}_i)]^2 \tag{5-40}$$

式（5-40）中 $s(\boldsymbol{x}_i)$ 代表 $\boldsymbol{f}^*(\boldsymbol{x})$ 的输出，$\boldsymbol{f}^*(\boldsymbol{x})$ 对每个训练样本将类标签集 Γ 分为相关标签集和不相关标签集两部分，使得分类错误最小。$s(\boldsymbol{x}_i)$ 的定义为：

$$s(\boldsymbol{x}_i) = \arg\min(\left|\{\lambda_j \mid \lambda_j \in Y_i, f(\boldsymbol{x}_i, \lambda_i) \leqslant a\}\right| + $$
$$\left|\{\lambda_k \mid \lambda_k \in \overline{Y_i}, f(\boldsymbol{x}_i, \lambda_k) \geqslant a\}\right|) \tag{5-41}$$

求得阈值函数后，可根据以下分类器判别未知样本 $\boldsymbol{x}$ 的类标签集：

$$h(\boldsymbol{x}) = \left\{\lambda_j \mid \langle \boldsymbol{\omega}_j, \boldsymbol{x} \rangle + b_j > \langle \boldsymbol{\omega}^*, \boldsymbol{f}^*(\boldsymbol{x}) \rangle + b^*, 1 \leqslant j \leqslant q\right\} \tag{5-42}$$

Rank-SVM 算法考虑了类标签之间的相关性，还可利用核技巧处理非线性分类问题，是多标签文本分类问题中最具代表性的算法之一。

（2）SVM-HF 算法。SVM-HF 算法认为：多标签的数据集的类别之间具有高度相关和重叠的特征。比如，在 Reuters-21578 数据集中，存在"小麦-谷物""原油-燃料"这样的类别。不难看出，其中一个类是另一个的父类，但是分类器无法显性地利用这些关系。类之间的这种重叠关系给 SVM 分类器计算类别间的边界带来了困难。SVM-HF 算法考虑将类标签之间的关系信息加入到原有的训练样本的特征集中，基于新的特征集构造一个新的核函数用于多标签文本分类问题，提高分类器的准确率。

假设给定样本空间 D，将其中的文本以词袋的形式表示为向量空间模型，则任意样本可用一个特征向量 d_i 描述，定义为 $D = \{(d_1, Y_1), (d_2, Y_2), \cdots, (d_m, Y_m)\}$，并且类标签集为 $\Gamma = \{\lambda_1, \lambda_2, \cdots, \lambda_L\}$。对于待分类样本 d，预测输出类标签集为 $Y_d \subseteq \Gamma$。

SVM-HF 算法的整个分类过程分为训练和预测两部分。训练过程包括两轮，第一轮使用集成的 L 个 SVM 分类器 $S(0)$ 在文本集中进行正常训练，这个过程中可以求得这 L 个 SVM 分类器对应的 ω_i 和 b_i，使得正负例样本间分类间隔最大化。然后使用集成的 SVM 分类器 $S(1)$ 进行第二轮训练，第二轮训练时需要将第一轮预测的各类标签分值（score）作为属性添加至每个样本的特征向量中，各类标签的分值为：

$$\text{score}(i) = \omega_i d + b_i \quad (1 \leqslant i \leqslant L) \tag{5-43}$$

所有的正值分值转换为+1，负值分值转换为–1；如果 $S(0)$ 所有类别的输出均为负值，那么最小的负值转换为+1。原始文档的特征项缩小为 $f(0 \leqslant f \leqslant 1)$，新增加的类标签缩小为 $(1-f)$。这时，文本空间中的文档向量包含 $|T| + L$ 个元素，其中 $|T|$ 是原样本空间的特征项的个数。

预测的过程与训练类似，进行两轮预测后，$S(1)$ 的输出即为预测的类标签集。

SVM-HF 算法还定义了以 BandSVM 方法获取具有最大分类间隔的超平面。思路为：以第一轮训练获得的超平面为基准，删除到该平面距离小于某个预先设定阈值的负例训练样本，然后重新训练 SVM。

5. 基于神经网络的多标签文本分类算法

2006 年，Zhang 和 Zhou 首次将神经网络算法用于多标签文本分类问题，提出名为 BP-MLL 的神经网络算法[64]（以下简称 BP-MLL 算法）。他们通过重新定义误差函数使其适用于多标签文本分类问题，即属于样本的类标签排名应高于不属于样本的类标签排名。

假设样本空间为给定训练文本集 $D = \{(x_1, Y_1), (x_2, Y_2), \cdots, (x_n, Y_n)\}$，类标签集

为 $\Gamma = \{\lambda_1, \lambda_2, \cdots, \lambda_L\}$；对于待分类样本 x，预测输出类标签集为 $Y_x \subseteq \Gamma$。BP-MLL 算法是一个三层的神经网络模型，如图 5.1 所示，该模型有 d 个输入神经元，数量与样本特征项个数一致；一层隐含层，隐含层神经元个数为 M，一般根据分类问题取经验值；Q 个输出层神经元，与多标签集合空间中的类标签个数一致；输入层全连接至隐含层，权值向量为 $V=[v_{hs}]$，隐含层全连接至输出层，权值向量为 $W=[w_{sj}]$，隐含层神经元的偏置项 $\theta_j \gamma_s$ 以一个额外的输入层神经元 a_0 权值的形式给出，值均为 1；输出层神经元的偏置以额外的隐含层神经元 b_0 权值的形式给出，值同样为 1。

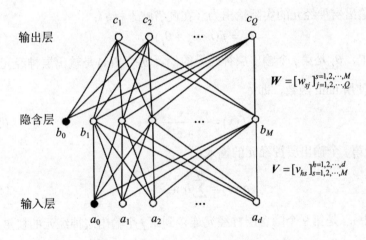

$$W = [w_{sj}]_{j=1,2,\cdots,Q}^{s=1,2,\cdots,M}$$

$$V = [v_{hs}]_{s=1,2,\cdots,M}^{h=1,2,\cdots,d}$$

图 5.1 BP-MLL 算法的神经网络模型

传统 BP 算法直接应用于多标签文本分类问题时，其全局误差函数定义为：

$$E = \sum_{i=1}^{m} E_i = \sum_{i=1}^{m} \sum_{j=1}^{L} (c_j^i - d_j^i)^2 \qquad (5\text{-}44)$$

式（5-44）中 c_j^i 是样本 x_i 在第 j 个类标签的实际输出；d_j^i 是样本 x_i 在第 j 个类标签的期望输出，如果 $\lambda_j \in Y_i$，$d_j^i = +1$，否则 $d_j^i = -1$。从式（5-44）可以看出，定义的误差函数仅考虑了单个类标签的误差，并没有考虑类标签之间的相关性。因此，BP-MLL 算法将全局误差函数重新定义为：

$$E = \sum_{i=1}^{m} E_i = \sum_{i=1}^{m} \frac{1}{|Y_i||\bar{Y}_i|} \sum_{(\lambda_k, \lambda_l) \in Y_i \times \bar{Y}_i} \exp[-(c_k^i - c_l^i)] \qquad (5\text{-}45)$$

式（5-45）中 $\bar{Y}_i$ 是 Y_i 的补集，$|\cdot|$ 表示集合的势，$c_k^i - c_l^i$ 衡量神经网络输出的属于样本 x_i 的类标签 $(\lambda_k \in Y_i)$ 与不属于样本 x_i 的类标签 $(\lambda_l \notin Y_i)$ 之间的差异，显然，差异越大，性能越好。只需最小化全局误差函数，就可以使分类系统对属于类样本的类标签输出较大值，对不属于样本的类标签输出较小值，从而提高分类精度。在 BP-MLL 算法中，全局误差函数的最小化是通过梯度下降法与误差反向传播策略相结合来实现的。

BP-MLL 算法分为训练和测试两阶段，其中训练过程如下。

（1）正向传播阶段。对于训练样本集中的样本 x_i，其输出类标签集合为 Y_i，那么第 j 个输出层神经元的实际输出为（在此省略上标 i）：

$$c_j = f(netc_j + \theta_j) \tag{5-46}$$

式（5-46）中，θ_j 是第 j 个输出层神经元的偏置项；$f(x)$ 是输出层神经元的激活函数，此处使用 tanh 函数，即：

$$f(x) = \frac{e^x - e^{-x}}{e^x + e^{-x}} \tag{5-47}$$

$netc_j$ 是第 j 个输出层神经元的输入：

$$netc_j = \sum_{s=1}^{M} b_s w_{sj} \tag{5-48}$$

式（5-48）中 w_{sj} 是第 s 个隐含层神经元连接到第 j 个输出层神经元的权重，并且 M 是隐含层神经元的个数；b_s 是第 s 个隐含层神经元的输出：

$$b_s = f(netb_s + \gamma_s) \tag{5-49}$$

式（5-49）中，γ_s 是第 s 个隐含层神经元的偏置项；$netb_s$ 是第 s 个隐含层神经元的输入：

$$netb_s = \sum_{h=1}^{d} a_h v_{hs} \tag{5-50}$$

式（5-50）中 a_h 是样本 x_i 的第 h 个特征项；v_{hs} 是第 h 个输入层神经元连接至第 s 个隐含层神经元的权值。

通过式（5-46）～式（5-50）对训练样本集中的任意一个样本 (x_i, Y_i)，可以计算 BP-MLL 算法的实际输出 $c^i = (c_1^i, c_2^i, \cdots, c_Q^i)$。这是正向传播的过程。

（2）反向修正阶段。同传统的 BP 算法类似，BP-MLL 算法的反向修正阶段使用梯度下降策略，对各层的连接权值和偏置项进行反复的调整训练，使输出与实际类别尽可能地接近。具体的计算步骤如下。

1）计算全局误差：

$$E = \sum_{i=1}^{m} E_i = \sum_{i=1}^{m} \frac{1}{|Y_i||\overline{Y}_i|} \sum_{(\lambda_k,\lambda_l) \in Y_i \times \overline{Y}_i} \exp[-(c_k^i - c_l^i)] \tag{5-51}$$

2）对输出层的每个神经元 c_j，计算它的梯度项 δ_j：

$$\delta_j = -\frac{\partial E_i}{\partial netc_j} = -\frac{\partial E_i}{\partial c_j}\frac{\partial c_j}{\partial netc_j}$$

$$= \begin{cases} \left\{\frac{1}{|Y_i||\overline{Y}_i|} \sum_{l \in \overline{Y}_i} \exp[-(c_j - c_l)]\right\}(1 + c_j)(1 - c_j) & \text{if} \quad \lambda_j \in Y_i \\ \left\{-\frac{1}{|Y_i||\overline{Y}_i|} \sum_{k \in Y_i} \exp[-(c_k - c_j)]\right\}(1 + c_j)(1 - c_j) & \text{if} \quad \lambda_j \in \overline{Y}_i \end{cases} \tag{5-52}$$

对隐含层的每个神经元 bs，计算它的梯度项 δ_s：

$$\delta_s = -\frac{\partial E_i}{\partial netb_s} = -\frac{\partial E_i}{\partial b_s}\frac{\partial b_s}{\partial netb_s} = \left(\sum_{j=1}^{L} d_j w_{sj}\right)(1 + b_s)(1 - b_s) \tag{5-53}$$

根据计算的梯度项，分别更新之前的参数：w_{sj}、v_{hs}、γ_s 和 θ_j：

$$w_{sj} = w_{sj} + \eta \delta_j b_s \tag{5-54}$$

$$v_{hs} = v_{hs} + \eta \delta_s a_h \tag{5-55}$$

$$\gamma_s = \gamma_s + \eta \delta_s \tag{5-56}$$

$$\theta_j = \theta_j + \eta \delta_j \tag{5-57}$$

式（5-54）～式（5-57）中的 $\eta[\eta \in (0,1)]$ 表示学习率，控制更新步长。

3）根据更新后的参数，重新计算当前样本的输出。

4）当误差不再减小或达到指定的训练次数，停止训练并输出当前的 w_{sj}、v_{hs}、γ_s 和 θ_j；否则，跳至第 2）步。

接下来进行未知样本的类别预测。给定未知类别样本 $\boldsymbol{x}$，根据最后一次迭代后的权重和偏置项，获得样本的实际输出 c_j。样本的相关联标签集由阈值函数 $t(\boldsymbol{x})$ 决定，也就是 $Y = \{j \mid c_j > t(\boldsymbol{x}), \lambda_j \in \Gamma\}$。在这里，采用 Rank-SVM 算法的阈值公式 $t(\boldsymbol{x}) = \langle \boldsymbol{\omega}, c(\boldsymbol{x}) \rangle + b$，其中 $c(\boldsymbol{x}) = [c_1(\boldsymbol{x}), c_2(\boldsymbol{x}), \cdots, c_L(\boldsymbol{x})]$。其中权重向量 $\boldsymbol{\omega}$ 和偏置项

b 可以采用最小二乘法获得，对训练样本集 $(\boldsymbol{x}_i, Y_i)(1 \leqslant i \leqslant m)$，令 $c(\boldsymbol{x}_i) = (c_1^i, c_2^i, \cdots, c_L^i)$，则 $t(\boldsymbol{x}_i)$ 为：

$$t(\boldsymbol{x}_i) = \arg\min_t \left(\left| \{k \mid \lambda_k \in Y_i, c_k^i \leqslant t\} \right| + \left| \{l \mid \lambda_l \in \overline{Y}_i, c_l^i \geqslant t\} \right| \right) \tag{5-58}$$

如果最小值不唯一且对应一个区间，则选取其中的值。通过 $c(\boldsymbol{x}_i)$ 和 $t(\boldsymbol{x}_i)$ 训练得到线性模型，便可以预测新样本 $\boldsymbol{x}$ 的阈值函数 $t(x)$，从而获取 $\boldsymbol{x}$ 的类标签集。实验结果表明，BP-MLL 算法在多标签文本分类领域取得良好的应用效果。2008年，Grdozicki 和 Mandziuk 等人[65]提出了 BP-MLL 算法的改进算法，整合阈值机制改进了全局误差函数的形式，进一步提高了分类性能。

2013 年 Nam J.和 Kim J.等人[66]重新设计了 BP-MLL 算法，采用 Binary Cross Entropy（BCE）来取代原来的排序损失函数，使用自调整学习率的方法（AdaGrad）优化，采用 Dropout 训练进行正则化防止巨大参数空间过拟合，采用泛化性能更好地整流线性单元（ReLU）作为隐藏层上的激活单元，使得三层神经网络在多标签文本分类问题中，取得更好的成绩。

随着深度学习技术的不断发展，在海量文本分类中，开始出现基于深度学习模型的方法。在深度学习中一般修改多分类模型的输出层，使其适用于多标签文本分类问题。2015 年，Mark J. Berger[67]将深度学习模型 TextCNN 和 GRU 直接用到多标签文本分类问题中，在输出层对每个类标签的输出值使用 Sigmod 函数进行二分类。结果表明，与采用词袋模型的 BR 方法相比，分类性能有实质性的提高。2016 年，Kurata G 和 Xiang B 等人提出了一种根据类标签之间的共现关系来初始化最后输出层参数的方法，模型基于 TextCNN，不同之处是最后一个输出层的权重不使用随机初始化，而是根据标签之间的共现关系进行初始化[68]。2017 年，Chen G 和 Ye D 等人提出一种 CNN 和 RNN 融合的机制，将 CNN 的输出作为 RNN 的初始状态然后进行类标签集的预测，实验证明，当模型用于大规模数据集时，性能优异，但用于小规模数据集时可能引起过拟合现象[69]。

6. 基于集成学习的多标签文本分类算法

Adaboost 算法是集成学习中最具代表性的算法之一。2000 年，Schapire 和 Singer 开发了第一个基于 Boosting 思想的文本分类系统 BoosTexter，其中提出了两个 Adaboost 改进算法 Adaboost.MH 和 Adaboost.MR[70]，应用于多标签文本分类问题。2003 年，Comite 等人将 Adaboost.MH 算法和交替决策树结合，提出 ADTBoost.MH 算法[71]，也可用于多标签文本分类问题。接下来我们分别介绍这 3 种算法。

（1）Adaboost.MH 算法。AdaBoost 算法在单标签分类问题中，给每个样本设定一个权重；而用于多标签文本分类问题时，则给每个样本和类标签的组合设置一个权重，对样本类别预测错误的提高权重，预测正确的则降低权重。比如，在新闻分类问题中，一个文档很容易被判定为新闻类，但难以确定是否属于金融类，这时，就需要减小新闻类标签的权重，并提高金融类标签的权重。

AdaBoost.MH 算法的思路是：为 m 个训练样本和 L 个标签所形成的样本类标签对分别建立 $m \times L$ 个权重，初始权重相同。调用一系列二分类的弱分类器进行训练，每次训练后，对难以分类的样本赋予较大的权重，易于分类的样本降低权重，反复训练 T 轮，最终这些权重用于预测未知样本的类标签集。AdaBoost.MH 算法的流程如下：

输入：训练样本集 $D = \{(x_1, Y_1), (x_2, Y_2), \cdots, (x_m, Y_m)\}$，$x_i \in \mathbb{R}^d$，$Y_i \subseteq \Gamma$（$\Gamma = \{\lambda_1, \lambda_2, \cdots, \lambda_L\}$）；迭代次数 T 和弱学习器。

初始化：权重系数 $\omega_1(i, l) = \dfrac{1}{m * L}$，$i = 1, 2, \cdots, m$。

执行：for $t = 1, 2, 3, \cdots, T$. 具体步骤如下：

（1）使用弱分类器对有权重的训练样本集学习，得到一个适当的分类器 h_t。

（2）选择弱分类器权重 α_t。

（3）更新权重系数 $\omega_{t+1}(i, l) = \dfrac{\omega_t(i, l) \exp[-\alpha_t Y_i[l] h_t(x_i, l)]}{Z_t}$，其中 Z_t 是归一化系数，可使得 $\displaystyle\sum_{i=1}^{m} \omega_{t+1}(i, l) = 1$。

输出：$f(x, l) = \displaystyle\sum_{t=1}^{T} \alpha_t h_t(x, l)$。

其中，$Y_i[l]$ 定义如下：

$$Y_i[l] = \begin{cases} +1 & \text{if} & \lambda_l \in Y_i \\ -1 & \text{if} & \lambda_l \notin Y_i \end{cases} \tag{5-59}$$

$h_t(\boldsymbol{x}_i, l)$ 是弱分类器的输出，表示标签 l 是否属于样本 $\boldsymbol{x}_i$ 的预测，也就是 $Y_i[l]$ 的预测值。

Schapire 和 Singer 证明 AdaBoost.MH 算法最大的汉明损失（Hamming Loss，具体定义见 5.3 节）是 $\prod\limits_{t=1}^{T} Z_t$ ，可得到 Z_t 的定义：

$$Z_t = \sum_{i=1}^{m} \sum_{\lambda_l \in \Gamma} \omega_t(i,l) \exp[-\alpha_t Y_i[l] h_t(x_i, l)] \tag{5-60}$$

通过最小化 Z_t 可求得 α_t 和 h_t ，具体求解过程可参见文献[70]。最终预测类别采用有权重的投票方式获得。

（2）Adaboost.MR 算法。与 Adaboost.MH 算法的目标是最小化汉明损失不同，Adaboost.MR 算法的目标是最小化排序损失。对于样本 $(\boldsymbol{x}, Y)$ ，Adaboost.MR 算法关注的重点在于"相关-不相关"类标签对 (λ_l, λ_k) 的相对排序（假设 $\lambda_l \in Y$ 并且 $\lambda_k \notin Y$ ）。如果分类规则 f 使得 $f(\boldsymbol{x}, l) \leqslant f(\boldsymbol{x}, k)$ ，也就是 f 未将标签 λ_l 排在 λ_k 之前，则称 f 对类标签对排序错误。Adaboost.MR 算法的目的是找到 f 使得排序错误的类标签对数量最少，换句话说，也就是最小化排序错误的类标签对部分的平均值，也就是最小化排序损失（Ranking Loss），最终预测正确的类标签应该有序地排列在类标签集的前部。

Adaboost.MR 算法的流程如下：

输入：训练样本集 $D = \{(\boldsymbol{x}_1, Y_1), (\boldsymbol{x}_2, Y_2), \cdots, (\boldsymbol{x}_m, Y_m)\}$ ， $\boldsymbol{x}_i \in \mathbb{R}^d$ ， $Y_i \subseteq \Gamma$ （ $\Gamma = \{\lambda_1, \lambda_2, \cdots, \lambda_L\}$ ）；迭代次数 T 和弱学习器。

初始化：权重系数 $\omega_1(i,l,k) = \begin{cases} \dfrac{1}{m \times |Y_i| \times |\Gamma - Y_i|} & \text{if} & \lambda_l \notin Y_i & \text{and} & \lambda_k \in Y_i \\ 0 & \text{else} \end{cases}$ ， $i = 1, 2, \cdots, m$ 。

执行：for $t = 1, 2, 3, \cdots, T$ 。具体步骤如下：

（1）使用弱分类器对有权重的训练样本集学习，得到一个适当的分类器 h_t 。

（2）选择弱分类器权重 α_t 。

（3）更新权重系数 $\omega_{t+1}(i,l,k) = \dfrac{\omega_t(i,l,k) \exp\left\{\dfrac{1}{2}\alpha_t[h_t(x_i, l) - h_t(x_i, k)]\right\}}{Z_t}$ ，其中 Z_t 是归一化系数，

可使得 $\displaystyle\sum_{i=1}^{m}\omega_{t+1}(i,l,k)=1$ 。

输出： $\displaystyle f(x,l)=\sum_{t=1}^{T}\alpha_t h_t(x,l)$ 。

假设对任意样本，其类标签集 Y_i 是非空集和非全集，否则会导致权重系数的除数为 0。如果存在类标签集是空集或全集的样本，Adaboost.MR 算法会将其直接删除。Adaboost.MR 算法定义样本 x_i 的类标签对 (λ_l,λ_k) 的权重系数为 $\omega_t(i,l,k)$，当 (λ_l,λ_k) 不是一对"相关-不相关"类标签对时，对应的权重为 0。

Schapire 和 Singer 证明 AdaBoost.MR 算法最大的排序损失是 $\displaystyle\prod_{t=1}^{T}Z_t$，可得到 Z_t 的定义：

$$Z_t=\sum_{i,l,k}\omega_t(i,l,k)\exp\left\{\frac{1}{2}\alpha_t[h_t(x_i,l)-h_t(x_i,k)]\right\} \tag{5-61}$$

通过最小化 Z_t 可求得 α_t 和 h_t，具体求解过程可参见文献[70]。

（3）ADTBoost.MH 算法。ADTBoost.MH 算法在 Adaboost.MH 算法的基础上，设置了一些类似交替决策树（Alternating Decision Tree，ADTree）的树形规则，用于多标签分类问题。

ADTree 派生自决策树，由分割结点和预测结点组成。其中分割结点用于判断，预测结点是一个实数值。图 5.2 给出了一个 ADTree 的示意图。该决策树包含 4 个分割结点和 9 个预测结点。根据样本的定义在分割结点处进行判断，根据判断结果对预测结点求和，用得到实数值的正负号判断样本的分类结果，因此基本的 ADTree 用于解决二分类问题。假设样本 x=(colour=red, year=1989,…)，预测结点的和为：+0.2+0.2+0.6+0.4+0.6=+2，因此样本的类别为+1，且具有较高的置信度；假设样本 x=(colour=red, year=1999,…)，预测结点的和为+0.4，则样本的类别为+1，但具有较低的置信度；假设样本 x=(colour=white, year=1999,…)，预测结点的和为 −0.7，则样本的类别为−1，具有中等的置信度。

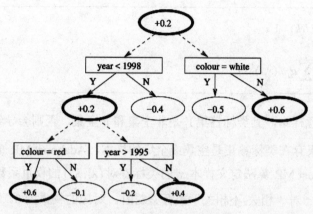

图 5.2　ADTree 的示意图

　　图 5.2 的 ADTree 也可看作由一个根预测结点和 4 个单元组成,每个单元包含 3 个结点。每个单元是一条决策规则,由一个分割结点和它的两个子结点——预测结点组成。我们可以使用一系列的规则(rules)给出 ADTree 的另一种描述。例如,图 5.2 的 ADTree 可以用一系列的规则描述如下:

if	TRUE	then(if	TRUE	then	+0.2	else	0	)	else	0
if	TRUE	then(if	year<1998	then	+0.2	else	−0.4	)	else	0
if	year<1998	then(if	colour=red	then	+0.6	else	−0.1	)	else	0
if	year<1998	then(if	year>1995	then	−0.2	else	+0.4	)	else	0
if	TRUE	then(if	colour=white	then	−0.5	else	+0.6	)	else	0

　　从上面的描述可以看出,ADTree 的一条规则将样本空间分割成 3 部分,分别定义为: $C_1 \wedge c_2$, $C_1 \wedge -c_2$ 和 $-C_1$ (其中 C_1 是先决条件, c_2 是条件。以规则"if year<1998　then(if　colour=red　then　+0.6　else　−0.1　)　else　0"为例,先决条件为"year<1998",条件为"colour=red")。ADTree 的规则与决策树桩类似,决策树桩是一种简单的决策树,仅基于单个特征做决策。因此,一种思路就是使用 boosting 集成方法来设计 ADTree 算法,比如 Freund 和 Mason 提出的 ADTboost 算法,由于其生成的 ADTree 模型规模比其他算法要小,因此 ADTBoost.MH 算法选用 ADTBoost 算法生成 ADTree。ADTBoost.MH 算法的流程如下:

> 输入: 训练样本集 $D = \{(x_1, y_1), (x_2, y_2), \cdots, (x_m, y_m)\}$, $x_i \in \mathbb{R}^d$, $y_i \in \{-1, +1\}$; 基础条件集合 C; 迭代次数 T。

初始化的具体参数如下：

（1）权重系数：$\omega_{i,1}=1$，$i=1,2,\cdots,m$。

（2）ADTree：$R_1=\{r_1:(\text{if } \boldsymbol{T} \text{ then}(\text{if } \boldsymbol{T} \text{ then } \frac{1}{2}\ln\frac{W_+(\boldsymbol{T})}{W_-(\boldsymbol{T})} \text{ else } 0) \text{ else } 0)\}$，$\boldsymbol{T}$ 表示 TRUE。

（3）先决条件集合：$P_1=\{\boldsymbol{T}\}$。

执行： for $t=1,2,3,\cdots,T$。具体步骤如下：

（1）通过最小化 $Z_t(C_1,c_2)$ ［定义见式（5-62）］，选择 C_1 和 c_2 的值，其中 $C_1\in P_t$，$c_2\in C$。

（2）$R_{t+1}=R_t\cup\{r_{t+1}:(\text{if } C_1 \text{ then}(\text{if } c_2 \text{ then } \frac{1}{2}\ln\frac{W_+(C_1\wedge c_2)}{W_-(C_1\wedge c_2)}$

$\text{else } \frac{1}{2}\ln\frac{W_+(C_1\wedge\neg c_2)}{W_-(C_1\wedge\neg c_2)})\text{else } 0)\}$。

（3）$P_{t+1}=P_t\cup\{C_1\wedge c_2,C_1\wedge\neg c_2\}$。

（4）更新权重系数：$\omega_{i,t+1}=\omega_{i,t}\exp(-y_ir_t)$。

输出：ADTree R_{T+1}。

其中，$Z_t(C_1,c_2)$ 是归一化系数，定义为：

$$Z_t(C_1,c_2)=2\left[\sqrt{W_+(C_1\wedge c_2)W_-(C_1\wedge c_2)}+\sqrt{W_+(C_1\wedge\neg c_2)W_-(C_1\wedge\neg c_2)}\right]+W(\neg C_1) \tag{5-62}$$

式（5-62）中，$W_+(C)$ 表示满足条件 C 的正例样本的权重之和；$W_-(C)$ 表示不满足条件 C 的负例样本的权重之和。这些系数的乘积给出了训练误差的上界，即 $\prod_{t=1}^{T}Z_t(C_1,c_2)$ 为最大训练误差。通过最小化 $Z_t(C_1,c_2)$ 可以求得 C_1 和 c_2 的值。

用于多标签文本分类问题生成的 ADTree，其预测结点是一个实数集合，其中的每个元素对应一个类标签。假设样本空间为给定训练文本集 $D=\{(\boldsymbol{x}_1,Y_1),(\boldsymbol{x}_2,Y_2),\cdots,(\boldsymbol{x}_n,Y_n)\}$，类标签集为 $\Gamma=\{\lambda_1,\lambda_2,\cdots,\lambda_L\}$；$C$ 表示基础条件集合，每个基础条件是对样本的二值预测。先决条件是基础条件和基础条件的补集的组合。$(0)_{\lambda_l\in\Gamma}$ 是 l 个 0 元素的向量。多标签 ADTree 中的一条规则可由一个先决条件 C_1、一个条件 c_2 和两个实数向量 $(a_l)_{\lambda_l\in\Gamma}$ 和 $(b_l)_{\lambda_l\in\Gamma}$ 定义，即：

if C_1 then(if c_2 then $(a_l)_{\lambda_l\in\Gamma}$ else $(b_l)_{\lambda_l\in\Gamma}$) else $(0)_{\lambda_l\in\Gamma}$

用于多标签文本分类的 ADTBoost.MH 算法派生自 ADTboost 算法和

Adaboost.MH 算法，输出为多标签的 ADTree。其算法流程为：

输入：训练样本集 $D=\{(\boldsymbol{x}_1,Y_1),(\boldsymbol{x}_2,Y_2),\cdots,(\boldsymbol{x}_m,Y_m)\}$，$\boldsymbol{x}_i\in\mathbb{R}^d$，$Y_i\subseteq\Gamma$（$\Gamma=\{\lambda_1,\lambda_2,\cdots,\lambda_L\}$）；基础条件集合 C；迭代次数 T。

空间转换：将 S 转换为 $S^k=\{((x_i,l),Y_i[l])\mid 1\leq i\leq m,\lambda_l\in\Gamma\}\subseteq(\mathbb{R}^d\times\Gamma)\times\{-1,+1\}$，$Y_i[l]$ 的定义见式（5-59）。

初始化的具体步骤如下：

（1）权重系数：$\omega_1(i,l)=1$，$i=1,2,\cdots,m$；$l=1,2,\cdots,L$

（2）多标签 ADTree：

$R_1=\{r_1:(\text{if}\ \ \boldsymbol{T}\ \ \text{then}(\text{if}\ \ \boldsymbol{T}\ \ \text{then}\ \left(a_l=\dfrac{1}{2}\ln\dfrac{W_+^l(\boldsymbol{T})}{W_-^l(\boldsymbol{T})}\right)_{\lambda_l\in\Gamma}\ \ \text{else}\ \ (b_l=0)_{\lambda_l\in\Gamma})\ \ \text{else}\ \ 0)\}$，$\boldsymbol{T}$ 表示 TRUE。

（3）先决条件集合：$P_1=\{\boldsymbol{T}\}$。

执行：for $t=1,2,3,\cdots,T$。具体步骤如下：

（1）通过最小化 $Z_t(C_1,c_2)$ [定义见式（5-63）]，选择 C_1 和 c_2 的值，其中 $C_1\in P_t$，$c_2\in C$。

（2）$R_{t+1}=R_t\cup\{r_{t+1}:(\text{if}\ \ C_1\ \ \text{then}(\text{if}\ \ c_2\ \ \text{then}\ \left(a_l=\dfrac{1}{2}\ln\dfrac{W_+^l(C_1\wedge c_2)}{W_-^l(C_1\wedge c_2)}\right)_{\lambda_l\in\Gamma}$

else $\left(b_l=\dfrac{1}{2}\ln\dfrac{W_+^l(C_1\wedge\neg c_2)}{W_-^l(C_1\wedge\neg c_2)}\right)_{\lambda_l\in\Gamma}$)else $0)\}$。

（3）$P_{t+1}=P_t\cup\{C_1\wedge c_2,C_1\wedge\neg c_2\}$。

（4）更新权重系数：$\omega_{t+1}(i,l)=\omega_t(i,l)\exp[-Y_i[l]r_t(x_i,l)]$。

输出：多标签 ADTree R_{T+1}。

其中，$Z_t(C_1,c_2)$ 是归一化系数，定义为：

$$Z_t(C_1,c_2)=2\sum_{l=1}^{L}\left[\sqrt{W_+^l(C_1\wedge c_2)W_-^l(C_1\wedge c_2)}+\sqrt{W_+^l(C_1\wedge\neg c_2)W_-^l(C_1\wedge\neg c_2)}\right]+W(\neg C_1) \quad (5\text{-}63)$$

式（5-63）中，$W_+^l(C)$ 表示类标签包含 λ_l，且满足条件 C 的正例样本的权重之和；$W_-^l(C)$ $W_-(C)$ 表示类标签不包含 λ_l，且满足条件 C 的负例样本的权重之和。

实验结果证明，ADTBoost.MH 算法继承了 Adaboost.MH 算法的效率及高可靠性，并且将最终的输出规则以 ADTree 的方式加以呈现，更易于理解。

5.3 多标签文本分类常用的评价方法

测试多标签文本分类算法常用的数据集有 Reuters-21578-路透社财经新闻数据集、Reuters Corpus Volume I（RCV1）-人工标记新闻事件存档、Mulan[①]平台收录的数据集（网页数据 delicious、文本数据集 bookmarks、网页收集的 enron 和 medical 数据集等）。常用的中文数据集有知乎平台的开源数据集，知乎作为开放式的提问社区，每天产生大量的文本数据，且每个文本都对应一至多个类标签，特别适用于测试多标签文本分类算法，除此之外，还可以使用爬虫工具自行从各大中文新闻门户网站（如新浪、腾讯等）爬取数据，也能获取具有较为完善类标签的文本数据集。

为测试多标签文本的分类结果，需要定义一系列的性能评价指标。多标签文本分类性能评价与单标签分类性能评价有所不同，单标签分类问题中一般使用经典的度量标准，如准确率、召回率和 F 测度等。多标签文本分类中评价更为复杂，其评价方法可划分为基于样本的评价方法和基于标签的评价方法[45,46]。其中基于样本的方法是对样本空间集合中所有样本预测结果和真实结果之间的差距取平均值；基于标签的方法则是通过对每个标签的预测结果进行度量，最后再对所有类标签结果求平均值。

1. 基于样本的评价方法

假设给定训练文本集 $D = \{(x_i, Y_i), 1 \leqslant i \leqslant m\}$，$Y_i \subseteq \Gamma$，$\Gamma$ 是类标签空间集合，定义为 $\Gamma = \{\lambda_1, \lambda_2, \cdots, \lambda_L\}$，$h(x_i)$ 表示多标签文本分类器。$f(x_i, y)$ 表示 $y \in \Gamma$ 是样本 x_i 的类标签的置信度。基于样本的评价方法的性能评价指标主要包含以下 7 类。

（1）子集精确度（Subset Accuracy）。子集精确度用于考察分类正确的样本所占的比例，这是个非常严格的评价指标，要求预测的类标签子集和实际的类标签子集完全一致。其定义为：

$$\text{subsetacc}(h) = \frac{1}{m} \sum_{i=1}^{m} 1\{h(x_i) = Y_i\} \tag{5-64}$$

---

① Mulan 是一个用于多标签文本分类研究的开源 Java 库，其主页链接：http://mulan.sourceforge.net/，用于多标签文本分类的数据集链接：http://mulan.sourceforge.net/datasets-mlc.html。

式（5-64）中 m 是训练样本集中样本的个数；如果 $h(\boldsymbol{x}_i) = Y_i$ 成立（也就是预测的类标签子集与实际的类标签子集一致），则 $1\{h(\boldsymbol{x}_i) = Y_i\} = 1$，否则 $1\{h(\boldsymbol{x}_i) = Y_i\} = 0$。

（2）汉明损失（Hamming Loss）。汉明损失用于考察未正确分类的实例类标签对所占的比例，也就是相关联的类标签不在样本的类标签子集中，不相关的类标签出现在样本的类标签子集中。其定义为：

$$\text{hloss}(h) = \frac{1}{m} \sum_{i=1}^{m} |h(\boldsymbol{x}_i) \Delta Y_i| \tag{5-65}$$

式（5-65）中，$h(\boldsymbol{x}_i) \Delta Y_i$ 表示两个 $h(\boldsymbol{x}_i)$ 和 Y_i 两个集合的对称差，也就是对两个集合进行异或操作。

（3）样本的精确度（Accuracy）、准确率（Precision）、召回率（Recall）和 F 测度。

与单标签分类问题中的性能评价指标类似，精确度是预测正确的类标签在所有类标签（包含预测的类标签和实际的类标签）中所占比例；准确率是预测正确的类标签在预测的类标签集合中所占比例；召回率是预测正确的类标签在实际的类标签集合中所占比例；F 测度则综合考虑精确率和召回率。它们分别定义为：

1）精确度：

$$\text{Accuracy}_{\text{exam}}(h) = \frac{1}{m} \sum_{i=1}^{m} \frac{|Y_i \cap h(\boldsymbol{x}_i)|}{|Y_i \cup h(\boldsymbol{x}_i)|} \tag{5-66}$$

2）准确率：

$$\text{Precision}_{\text{exam}}(h) = \frac{1}{m} \sum_{i=1}^{m} \frac{|Y_i \cap h(\boldsymbol{x}_i)|}{|h(\boldsymbol{x}_i)|} \tag{5-67}$$

3）召回率：

$$\text{Recall}_{\text{exam}}(h) = \frac{1}{m} \sum_{i=1}^{m} \frac{|Y_i \cap h(\boldsymbol{x}_i)|}{|Y_i|} \tag{5-68}$$

4）F 测度：

$$F_{\text{exam}}^{\beta}(h) = \frac{(1 + \beta^2) \cdot \text{Precision}_{\text{exam}}(h) \cdot \text{Recall}_{\text{exam}}(h)}{\beta^2 \cdot \text{Precision}_{\text{exam}}(h) + \text{Recall}_{\text{exam}}(h)} \tag{5-69}$$

式（5-69）中 $\beta > 0$，一般取 $\beta = 1$。

（4）单错误（One-Error）。单错误用于考察在样本的类标签排序序列中，序列前段的类标签不属于相关标签集合的个数。其定义为：

$$one-error = \frac{1}{m}\sum_{i=1}^{m} 1\{[\arg\max_{y\in\Gamma} f(\boldsymbol{x}_i, y)] \notin Y_i\} \tag{5-70}$$

式（5-70）中，$\arg\max_{y\in\Gamma} f(\boldsymbol{x}_i, y)$ 用于表示排位靠前的类标签，当 $[\arg\max_{y\in\Gamma} f(\boldsymbol{x}_i, y)] \in Y_i$ 时，$1\{[\arg\max_{y\in\Gamma} f(\boldsymbol{x}_i, y)] \in Y_i\}$ =0；否则 $1\{[\arg\max_{y\in\Gamma} f(\boldsymbol{x}_i, y)] \in Y_i\}$ =1。

（5）覆盖范围（Coverage）。覆盖范围考察平均每个样本中预测的类标签排序序列，需要往后移动多少位，才能覆盖样本的所有相关标签。其定义为：

$$coverage = \frac{1}{m}\sum_{i=1}^{m} \max_{y\in\Gamma} rank_f(\boldsymbol{x}_i, y) - 1 \tag{5-71}$$

式（5-71）中，$\max_{y\in\Gamma} rank_f(\boldsymbol{x}_i, y)$ 表示在样本 $\boldsymbol{x}_i$ 预测的类标签排序序列中，与 $\boldsymbol{x}_i$ 相关的类标签所占的最靠后的排名。

（6）排序损失（Ranking Loss）。排序损失用于考察在样本的类标签排序序列中，排序失序的类标签对，也就是不相关标签排在相关标签前面的比例。其定义为：

$$rloss = \frac{1}{m}\sum_{i=1}^{m} \frac{1}{|Y_i||\overline{Y_i}|} \{(y', y'') \mid f(\boldsymbol{x}_i, y') \leqslant f(\boldsymbol{x}_i, y''), (y', y'') \in Y_i \times \overline{Y_i}\} \tag{5-72}$$

（7）平均准确率（Average Precision）。平均准确率用于考察在样本的类标签排序序列中，排在某个特定标签 y 之前的标签占标签集合的平均比例。其定义为：

$$avgprec = \frac{1}{m}\sum_{i=1}^{m} \frac{1}{|Y_i|} \sum_{y\in Y_i} \frac{\{y' \mid rank_f(\boldsymbol{x}_i, y') \leqslant rank_f(\boldsymbol{x}_i, y), y' \in Y_i\}}{rank_f(\boldsymbol{x}_i, y)} \tag{5-73}$$

在以上的 7 类评估指标中，单错误、覆盖范围和排名损失都是值越小分类器的性能越好，在最优性能时单错误和排名损失对应的值为 0，覆盖范围对应的值为 $\frac{1}{m}\sum_{i=1}^{m}|Y_i|-1$；其他指标都是值越大分类器的性能越好，且最优性能时对应的值均为 1。

2. 基于标签的评价方法

基于标签的评价方法针对类标签集合中的每个标签单独度量，然后对所有类标签的结果求平均值。这类评价方法分为宏平均（Macro-averaging）和微平均（Micro-averaging）。其中宏平均是每个类标签性能评价指标的算术平均值，微平均是每个样本性能评价指标的算术平均。为方便描述，我们引入类标签的列联表，见表 5.6。

表 5.6　类标签 λ_j 的列联表

包含类标签 λ_j		真实标签	
		是	否
预测标签	是	TP_j	FP_j
	否	FN_j	TN_j

表 5.6 中 TP_j 表示实际的类标签集合中包含 λ_j 且分类器预测的类标签集合中也包含 λ_j 的样本数目；FP_j 表示实际的类标签集合中不包含 λ_j 但是分类器预测的类标签集合中包含 λ_j 的样本数目；FN_j 表示实际的类标签集合中包含 λ_j 但分类器预测的类标签集合中不包含 λ_j 的样本数目；TN_j 表示实际的类标签集合中不包含 λ_j 且分类器预测的类标签集合中也不包含 λ_j 的样本数目。不难看出，样本的总数 $m=TP_j+FP_j+FN_j+TN_j$。

宏平均和微平均定义为：

$$B_{\mathrm{macro}}(h) = \frac{1}{L}\sum_{j=1}^{L} B(TP_j, FP_j, TN_j, FN_j) \tag{5-74}$$

$$B_{\mathrm{micro}}(h) = B\left(\sum_{j=1}^{L} TP_j, \sum_{j=1}^{L} FP_j, \sum_{j=1}^{L} TN_j, \sum_{j=1}^{L} FN_j\right) \tag{5-75}$$

式（5-74）、式（5-75）中度量 $B(\bullet)$ 表示下列指标之一：精确度（Accuracy）、准确率（Precision）、召回率（Recall）和 F 测度。其中：

$$\mathrm{Accuracy}(TP_j, FP_j, TN_j, FN_j) = \frac{TP_j + TN_j}{TP_j + FP_j + TN_j + FN_j} \tag{5-76}$$

$$\mathrm{Precision}(TP_j, FP_j, TN_j, FN_j) = \frac{TP_j}{TP_j + FP_j} \tag{5-77}$$

$$\mathrm{Recall}(TP_j, FP_j, TN_j, FN_j) = \frac{TP_j}{TP_j + FN_j} \tag{5-78}$$

$$F^{\beta}(TP_j, FP_j, TN_j, FN_j) = \frac{(1+\beta^2)TP_j}{(1+\beta^2)TP_j + \beta^2 FN_j + FP_j} \tag{5-79}$$

基于标签的评价方法中，性能评价指标的值越大，分类器的性能就越好，最优性能时各性能评价指标取值为 1。

本节介绍的性能评价指标可以全方位地评价多标签文本分类器的性能。通常，由于每个性能评价指标考察的角度不一样，当对某一个多标签文本分类器进行评估时，很难保证这些性能评价指标同时取得最优值。

5.4 本章小结

多标签文本分类在文本分类领域是复杂且难度较大的问题。多标签文本分类是指一个文本同时属于多个类别，与单标签文本分类相比，其更加符合现实世界中文本的规律与特点。

多标签文本分类算法分为两大类：问题转换法和算法适应法。问题转换法较为灵活，其思路是将多标签文本分类问题分解为多个单标签分类问题。本章主要介绍了 4 种具有代表性的问题转换法：二元关系算法计算复杂度较低，但忽略了标签之间的关联性，导致分类结果不尽如人意；分类器链算法考虑了标签间的关联性，但经过多个二分类器预测时，分类器顺序不同会导致结果差异性较大；标签幂集算法同样考虑了标签间的关系，但算法复杂度较高，更适用于初始标签集较小的数据集；随机 k 标签幂集算法是对标签幂集算法的集成，弥补了标签幂集算法的不足，但其缺点是输入参数过多，在训练样本不足的情况下难以找到最优参数。算法适应法的思路是直接对现有的单标签分类算法进行改进。本章主要介绍了 6 类具有代表性的算法适应法：基于决策树算法的多标签文本分类算法、基于 kNN 算法的多标签文本分类算法、基于概率模型的多标签文本分类算法、基于支持向量机的多标签文本分类算法、基于神经网络的多标签文本分类算法和基于集成学习的多标签文本分类算法。

本章最后介绍了多标签文本分类常用的数据集及评价方法，常用的评价方法可分为两类，基于样本的评价方法和基于标签的评价方法。

第 6 章　短文本分类及应用

6.1　背景与意义

短文本是近年来互联网信息传递的一种重要形式，据《中国互联网网络发展状况统计报告》显示，2018 年使用率排在前三的网络应用分别是及时通信、搜索引擎和网络新闻，虽然音频、视频等信息载体的规模在急剧扩张，但文本依然是信息传递的第一媒体选择，在快节奏的现代社会里，人们的表达和阅读更倾向于言简意赅的短文本。通常我们把字数介于 150 字以内的文本称为短文本，当然这并不是一个精准的界定。随着网络信息化程度的进一步延伸，自媒体社交网络的规模迅速膨胀，人们在日常社会生活中更倾向于使用微信、微博、QQ 等工具用简短的文本呈现自己的观点，发表对事件主题的看法，进行交流沟通，单纯就字数而言，短文本表述形式简洁。根据《2018 年微信年度数据报告》统计结果，全年日均用户数超过 10 亿，日均信息发送达到 450 亿条，相比较上一年增加幅度约为 18%，微信已经成为人们社会生活的重要工具。

网络上以短文本形式出现的语句，包含的特征词数量较少，词汇总量大，重复的词语很少；提供的上下文语境简单，语义的关联性不能通过有限的特征词展现出来，且在词语使用的规范性上没有约束，一些俚语、方言，甚至包含错别字的词汇；词语的更新速度很快，新的词汇层出不穷。短文本的这些特点，从人脑的层面理解，对语义的表达似乎影响不大，但却给机器的处理带来很大的困难。此外，文本信息向量化的过程中，采用传统的方法来表示网络短文本，数据稀疏的问题特别突出，目前已较为成熟的机器分类算法在处理该类型数据时，泛化性能偏低，分类效果较差。

对短文本的分类研究具有重要的实际应用价值，如电子邮件过滤，由于很多邮件的内容是以图片或链接等形式给出，根据内容实施过滤会有一定的困难，而通过标题对邮件进行分类识别是一种最为直接的方式，它可以粗略地将邮件分为正常邮件和存疑邮件两类，从而避免干扰，提高办公效率。然而这种分类对用户个体来说可能是不准确的，因为部分用户眼中的垃圾信息，对另外一些用户则会是有用的，如商业广告信息等；此外一些标题和内容不符的欺诈邮件，也会造成系统的错误分类。

网络舆情、商品/服务评价等通常也是以短文本的形式出现，政府、制造企业、经销商通过针对性地获取相关信息，对制定社会事业决策，改进产品结构与性能，提升商品服务质量都有十分重要的意义。一直以来，国内外对舆情采集方面都实施了大量的投入，政府、企业、学术机构等共同参与，推动了舆情收集信息化进程，并形成了一系列成果，例如，Spinell 所著的《世幻道德——信息技术的伦理方面》就讨论了信息技术背景下，言论与社会伦理之间的相关问题；Sunstein 在《网络共和国——网络社会中的民族问题》一书中，阐述了建立多元信息环境的重要性。我国的网络舆情研究从 2007 年刘毅的专著《网络舆情研究概述》开始，到周期性发布的《中国舆情年度报告》《中国军事舆情年度报告》等，相关领域的舆情收集归类正走向日常化、智能化。和网络舆情类似，商品/服务评价信息也是网络上具有重要参考意义的数据，通过它用户可以了解商品的使用体验、商家的信用和口碑等，此类短文本一般都带有情感色彩，例如根据用户对某项产品或服务的评价，可将评价文本划分为"满意""一般"或是"不满意"等几个类别，即便是在文本中不出现此类字眼。

除了上面所述的电子邮件过滤，网络舆情监控、商品/服务评价信息收集等应用外，文本检索、话题跟踪、机器问答等诸多领域的技术实现都涉及短文本分类。机器参与重复性、程式化的海量信息处理，能够有效降低人力成本投入，提高处理速度和准确率。而机器分类操作性能很大程度上取决于采用何种方式进行短文本特征提取和表示，选用何种分类模型，以及以何种方式训练模型参数等。短文本因其自身的向量表示稀疏、噪声强、上下文语义特征词缺乏、表述规范性差等特点，一些研究已较为成熟的长文本分类算法并不能很好地移植到短文本分类当中，本章将从短文本特征表示，及分类算法的设计等两个方面进行阐述。

6.2   当前研究现状

6.2.1   特征挖掘与表示

鉴于前面提到的短文本自身的特点,针对特征词数量少,语义描述能力偏弱的问题,主要从两个方向加以解决,一是借助外部资源进行特征扩展(即基于外部资源的特征扩充),再是挖掘自身的隐含信息(即挖掘自身信息的特征扩充)。在特征向量表示方面,一些传统的长文本表示模型,如 VSM、One-hot 模型等存在表示高维、稀疏等问题,需要改进或引入新的适合短文本的向量表示模型。图6.1 为基于特征扩展的短文本分类流程。

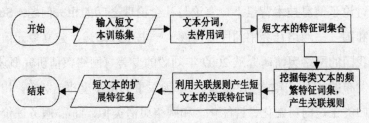

图 6.1   基于特征扩展的短文本分类流程

1. 基于外部资源的特征扩充

基于外部资源的特征扩充是分析文本的主题,利用外部知识库中与其相似度高的主题所对应的特征词进行语义扩展,或者是通过搜索词典来丰富短文本的特征词。将 Wiki pedia、Wordnet、Hownet、Corpus 等作为外部知识库实现短文本特征扩展是一种常用的做法,如 Wang P[72]及 Bawakid A[73]等人通过将文档中的特征词与 Wiki pedia 中的词条匹配,利用后者丰富的词汇资源弥补短文本特征不足的问题。专业领域词典也是短文本语义扩充的重要支撑,例如,李纯等人[74]以情感词典为背景,通过语义相似度计算,在 Hownet 中挖掘特征词扩充原文本。

此外,将短文本中的特征量作为关键词,通过搜索引擎进行网页查询,将结果按相似度进行降序排序,选取前 N 个结果的摘要作为素材增加原文本的特征表示规模。例如 Shami 等人通过搜索引擎的检索结果扩充短文本,并设计了一种采用内积运算的相似度计算方法。

总体来说，基于外部资源的特征扩充，算法的时间复杂度高，效率较低，无法满足实时系统的应用要求。并且，通过知识库或搜索结果导入的信息噪声偏大，会对后续的分类模型参数训练产生较大的干扰[75]。

2. 挖掘自身信息的特征扩充

挖掘自身信息的特征扩充是将文本自身的一些特征用于短文本的特征扩展，以增强其概念描述能力，共现是一种在词汇使用时很常见的现象，例如，{宝贵、时间}，{发挥、作用}，{民主、集中、制度}等，若干个词通常会在一起出现。

将文本集中共同出现的词汇看作相互关联的，将关联关系引入到短文的特征扩展模式中构建 K 阶频繁项集，是短文本特征扩展的有效方式。比如说，在 ABC 三阶模式下，只要 A 出现在文本 d 中，可以根据经验，将 B 和 C 也作为 d 的特征词。设置支持度和置信度阈值，将共现频率、依赖程度满足要求的词汇提取出来。为防止类别倾向性较为平均，区分度较弱，类似于噪声的词汇引入，保证拓展得到的特征的质量，再引入类别趋同性和关联强度的概念。文献[76]在分析特征模式抽取的基础上，提出了高品质特征扩展的策略。

常用的频繁项集的构造算法有 Apriori、FP-Growth 等。Apriori 算法采用逐层搜索的迭代方法，用 K–1 频繁项集去发现 K 项集，直到算法收敛为止，该算法每轮迭代中都需要对所有候选的词汇组合项进行共现计数，并与支持度阈值进行比较，决定取舍。FP-Growth 算法运用 FP 树实现自底向上的搜索，不需要创建词的候选集，只需要遍历两次数据集即可，首次遍历统计元素的支持度并降序排序，然后遍历 FP 树构建频繁项集，其执行效率比 Apriori 算法要高很多。

在短文本特征扩充之后，接着就涉及向量化表示问题。VSM 没有考虑词语间的语义联系，忽略了词语顺序对表示模型效果的影响。用 VSM 表示短文本时，由于根据文本自身的语料库建立词典，当语料库文本规模很大时会造成特征表示稀疏。使用 One-hot 模型，能以词语为单位将文本简单直观地表示出来，但与 VSM 一样，它没有考虑特征词间的语义关联，有时连近义词和同义词都不能正确区分。

分布式特征词表示方法，将词向量视作向量空间中的坐标点，根据点间的距离可以计算语句或词汇的相似度情况，该方法被广泛应用在神经网络模型当中。

NNLM 在建立特征向量表示的同时，能有效降低表示维度，重要的是它可以获取特征词的上下文信息，更新特征词权重，该方法对包含复杂语义的文本建模时具有明显的优势。Word2Vec 模型具有操作简单、速度快、准确率高等特点，是目前文本特征表示的主要工具，它包含有 CBOW 和 Skip-gram 两种模型，这部分内容在之前的章节中已有详细的介绍，此处不再赘述。

6.2.2 分类算法

第 4 章中介绍的一些文本分类算法，包括基于规则的算法、基于统计的算法，以及神经网络算法都可以移植到短文本对象中来，具体选择何种模型要根据训练样本集的规模、向量自身特点，以及分布状况等因素进行确定。

在经验样本数量充足的前提下，可以选用监督分类模型，训练生成模型参数，再泛化到待测特征向量的分类操作中。监督分类模型前期的学习过程较为耗时，且对经验样本的分布、代表性都有较高的要求，样本集中各类样本的不均衡分布，离群噪声样本偏多，训练价值相近的冗余样本过多等问题都会影响模型的泛化精度和学习时间。针对网络上未经类别标注的短文本数量巨大，机器可参考的经验案例很少的事实，无监督学习是一种十分有效的方法，它不需要训练分类模型的参数，可以通过文本间的相似度计算，将语义、主题等相同或相近的文本集中到一起划归为一个类。

新媒体时代里，短文本出现的呈现规模巨大，对处理的实时性和准确度都有一定的要求，分布式处理是必然的选择，如新浪微博每天新增的文本数量就超过 2 亿条，跟贴、评论的数量更是超过 10 亿条。面对如此庞大规模的数据，传统的分类算法，如 SVM、朴素贝叶斯模型等如不加以改进很难适应分布式处理的要求；神经网络算法，如深度学习模型虽然在语义分析方法表现突出，但面对海量数据时也会出现反应速度慢的特征。一些针对大数据分布式分类处理的方法陆续被提出，如文献[77]中提出了一种基于 MapReduce 和 Apache Spark 框架的分布式朴素贝叶斯分类方法。文献[78]中分析了 k-Means 聚类算法在 Hadoop 框架下，迭代操作执行效率不高的原因，尝试在 Spark 系统中进行并行聚类处理。

6.3 基于 LDA 模型的主题分类

6.3.1 LDA 模型概述

LDA 模型是一种无监督分类方法，它通过类似聚类的方法将具有最高主题相似度的文本划分到一起，不需要事先标注的经验样本用于参考，主题标识或标签也不要预先定义，只需要给定主题数，即可在文档集合中挖掘相应主题。LDA 模型中，主题是不能直接被观测到的隐藏信息，而能加以利用的则是文档及单个词语，通过对它们出现频率的统计，判断文档的主题属性。文档按主题分类是一种模糊划分，即它能够以不同的概率归属各个主题，服从某个概率分布。

由于短文本特征稀疏的特点，主题概念的引入能将高维的 VSM 表示映射到主题空间中，节约机器处理的存储成本和计算时间复杂度，从而更高效衡量文档间的关系。基于主题的相似性度量（Topic-Based Similarity，TBS）通过借助主题的形式，比较文本间的相似性，能够较好解决文本表达中一词多义以及一义多词等情况造成的类别判断错误问题。以中文为例，文本表达中诸如"书桌"/"写字台"，"换气扇"/"排风机"，"引领"/"统帅"等很多都属于一义多词，VSM 中这种情况一个含义的不同表达会对应不同的向量分量，TBS 引入隐含的主题后，它们则会被视为同义词加以处理。

短文本处理特征稀疏的特点之外，上下文依赖很强是其另外一个重要特征，在一些多义词使用过程中，词项出现的先后顺序会影响到文本语义的表达。例如"苹果笔记本降价了"和"笔记本旁的红苹果"两段短文本在去除停用词后，保留的词项基本上相同，如果将它们分别作为两篇博文的标题，TBS 进行相似性度量得到的结果是同一主题，但实际上前者的主题是"商业宣传"，而后者则是"情感散文"，造成主题判别偏差的原因在于，"苹果"是一个多义词，除了表达通常意义上的水果名称外，还是一种知名品牌的称谓，他所处的位置会影响含义的表达，这种一词多义的现象在中英文文本中都很常见。

TBS 对多义词上下文依赖方面的处理性能并不好，需要在 LDA 模型基础上引入新的相似性度量方法来解决该问题。例如，可以通过动态调整待比较短特征向量中的分量重要性，遵照"弱化共同点、强化不同点"的原则，对于文本公有的词项和特有的词项先采用不同的权重表示，再进行相似性度量，称该改进方法为 Improved_TBS。

对于文档 $d_1, d_2 \in D$，用统计得到的词频向量表示成 $d_1 = \{w_1^{(1)}, w_2^{(1)}, \cdots, w_N^{(1)}\}$，$d_2 = \{w_1^{(2)}, w_2^{(2)}, \cdots, w_N^{(2)}\}$，在 D 上训练 LDA 模型得到 M 个隐含主题以及主题-词项概率分布矩阵 $\boldsymbol{\phi}$，元素 ϕ_{ik} 的值标注了词项 w_k 属于主题 z_i 的概率。

d_1、d_2 之间具有公有的词项集合 $public(d_1, d_2)$ 以及差异词项集合 $diff_1$ 和 $diff_2$。Improved_TBS 的工作流程可描述为：

（1）获取公有的词项集合 $public(d_1, d_2)$，及差异词项集合 $diff_1$ 和 $diff_2$。

（2）通过文档-主题分布分别获得 d_1、d_2 的最大主题概率 $z_{\max}^{(1)}$ 和 $z_{\max}^{(2)}$。若 $public(d_1, d_2) = \phi$ 且 $z_{\max}^{(1)} = z_{\max}^{(2)}$ 时，说明在两个短文本没有公有词项的情形下，却表述的是同一主题的内容，那么一义多词的可能性就非常大，需要进一步考虑差异词项的情况。此时，没有公有词项权重可更新，直接跳转到第（4）步。

（3）削减公有词项权重，$w_c = w_c - \gamma \times w_c$，$\gamma$ 为削减系数。

（4）对于 $diff_1$ 和 $diff_2$，如果 $diff_1 = \varnothing \parallel diff_2 = \varnothing$，跳转至第（6）步。

（5）在主题 k 下，d_1 中的第 n 个词项和 d_2 中的第 m 个词项的相关度很高，增加差异词项权重，即：

$$\begin{cases} w_n^{(1)} = w_n^{(1)} + w_n^{(1)} \times \phi_{kn} \\ w_m^{(2)} = w_m^{(2)} + w_m^{(2)} \times \phi_{km} \end{cases}$$

（6）比较 d_1、d_2 的相似度。

6.3.2　LDA 模型原理

LDA 模型是在 pLSA 模型基础上，引入文档-主题和主题-词项模型，采用贝叶斯方法，探讨更具有一般性的文本处理问题。LDA 模型中主题不能直接观测，但利用能够被观测的文档或词项信息与主题间的共现条件概率，可以进行文档生成或分类操作。LDA 模型假设文档由一系列潜在的主题构成，而主题则是在词项上的多项分布。如图 6.2 所示，文档和词项可见，通过对 M 个文档，每篇文档包

含 N 个词项的语料资源进行统计，得出词项在文档中的出现概率 $P(w_j|d_i)$，词项与文档的关系越密切，条件概率的取值就越大，再通过参数估算方法得出文档-主题概率 $P(z_k|d_i)$ 和主题-词项概率 $P(w_j|z_k)$。

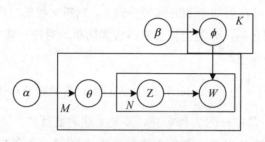

图 6.2　LDA 模型的结构

$$P(w_j|d_i) = \sum_{k=1}^{K} P(w_j|z_k)P(z_k|d_i) \tag{6-1}$$

输入的模型参数 $\kappa = (\alpha, \beta)$ 为 Dirichlet 先验值，在 w_j 已知的情形下进行参数估算更新，通过迭代训练使得参数不断逼近最优值，直至其收敛，当前 κ 值的估算结果会成为下轮的先验判断。为了使迭代训练能够持续进行，需使得贝叶斯方法中涉及的先验分布和后验分布属于同一分布族，LDA 模型中将 Dirichlet 分布作为先验分布，样本数据服从多项分布，经证明，用先验和似然样本训练得到的结果仍服从 Dirichlet 分布，称为 Dirichlet-Multinomial 共轭分布。

Dirichlet 分布是一组连续多变量概率分布，是多变量 beta 分布，用向量 $\vec{p}$ 和 $\vec{\alpha}$ 表示维度为 K 的概率和参数，有表达式：

$$\text{Dirichlet}(\vec{p}|\vec{\alpha}) = \frac{\Gamma(\sum_{k=1}^{K} \alpha_k)}{\prod_{k=1}^{K} \Gamma(\alpha_k)} \prod_{k=1}^{K} p_k^{\alpha_k-1} = \frac{1}{\Delta(\vec{\alpha})} \prod_{k=1}^{K} p_k^{\alpha_k-1} \tag{6-2}$$

$$\Delta(\vec{\alpha}) = \int_{\vec{p}} \prod_{k=1}^{K} p_k^{\alpha_k-1} \mathrm{d}\vec{p}$$

式中，Γ 为 Gamma 函数，满足 $\Gamma(x) = (x-1)!$，$\Delta(\vec{\alpha})$ 是归一化系数。

在 M 个文档的主题 Dirichlet 分布先验基础上，统计各主题对应的词项的多项分布，根据共轭原理，可得到基于 Dirichlet 分布的文档-主题后验分布。同样，在

掌握了 K 个主题和词的 Dirichlet 分布之后，也能够通过贝叶斯方法获得相应的后验分布。

文档生成和文档分类是一对逆向的操作，前者是根据主题在词袋中抽取词项组成文档，后者则是在可观测到的词项基础上，判断文档的主题。在理解 LDA 模型的文档生成步骤之后，分类也就会变得较为简单。对任一篇文档 d_i，经下面流程从词表中采集词项。

（1）由参数为 $\vec{\alpha}$ 的 Dirichlet 分布生成文档 d_i 的主题分布 θ_i，$\theta_{ik} = P(z_k | \theta_i)$，$\theta_i = \text{Dirichlet}(\vec{\alpha})$，其中 $\vec{\alpha}$ 为 K 维向量，K 是主题的数目。

（2）从主题的多项式分布 θ_i 中选取文档 d_i 的第 j 个词的主题 $z_{i,j}$，表示为 $z_{i,j} = \text{Multi}(\theta_i)$。每个词项都有对应的唯一的主题，当且仅当第 j 个词项对应一个的主题标号为 k 时，$z_j^k = 1$ 否则 $z_j^k = 0$。

（3）由参数为 $\vec{\beta}$ 的 Dirichlet 分布生成主题 $z_{i,j}$ 对应的词的分布 $\phi_{z_{i,j}}$，$\phi_{z_{i,j}} = \text{Dirichlet}(\vec{\beta})$，$\vec{\beta}$ 是 V 维向量，V 代表词汇表的规模。

（4）从词的多项式分布 $\phi_{z_{i,j}}$ 中采样生成构成文档的词项 $w_{i,j}$，$w_{i,j} = \text{Multi}(\phi_{z_{i,j}})$。

（5）重复步骤（1）～（4），随机选取主题和词项，形成文档。

LDA 模型中，给定参数 $\kappa = (\alpha, \beta)$，可以得到文档主题分布 θ，词项分布 ϕ 等的联合概率分布 $P(\theta, \phi, z, w | \alpha, \beta)$，以及文档的边缘概率 $P(w | \alpha, \beta)$，表达式为：

$$P(\theta, \phi, z, w | \alpha, \beta) = \left(\prod_{k=1}^{K} P(\phi_k | \beta) \right) P(\theta | \alpha) \prod_{n=1}^{N} P(z_n | \theta) P(w_n | z_n, \phi_{zn})$$

$$P(w | \alpha, \beta) = \iint P(\phi | \beta) P(\theta | \alpha) \left(\prod_{n=1}^{N} \sum_{z_n} P(z_n | \theta) P(w_n | z_n, \phi_{zn}) \right) \mathrm{d}\theta \mathrm{d}\phi \qquad (6\text{-}3)$$

文档 d 中，统计在文中出现的主题标号为 k 的词汇数 $n_d^{(k)}$，汇总后表示成向量 $n_d = (n_d^{(1)}, n_d^{(2)}, \cdots, n_d^{(K)})$，有：

$$\text{Dirichlet}(\theta_d | \vec{\alpha} + \vec{n_d}) = \text{Dirichlet}(\theta_d | \vec{\alpha}) + \text{Multi}(\vec{n_d}) \qquad (6\text{-}4)$$

同样的，主题 k 中，统计第 j 个词的个数为 $n_k^{(j)}$，汇总后表示成向量 $n_k = (n_k^{(1)}, n_k^{(2)}, \cdots, n_k^{(V)})$，存在：

$$\text{Dirichlet}(\phi_k \mid \vec{\beta} + \vec{n_k}) = \text{Dirichlet}(\phi_k \mid \vec{\beta}) + \text{Multi}(\vec{n_k})$$

根据上面的分析，由文档产生主题的概率，以及由主题选择词项的概率都服从特定分布规律的随机变量，同时，根据主题去选择词项并不依赖于某个具体的文档，因此文档-主题分布和主题-词项分布相互独立。

6.3.3 LDA 模型的参数估计

变分推断 EM 算法是 LDA 模型的参数估计的有效方法，其基本思想是把未知参数当作固定值，最大化后验估计 MAP。另一种 Gibbs 采样算法，它用贝叶斯模型进行参数估计，将待估计的参数看成是服从某种分布的随机变量。Gibbs 采样算法是马尔可夫链蒙特卡尔理论（MCMC）中用来获取一系列近似等于指定多维概率分布观察样本的算法。

1. 变分推断 EM 算法

为了得到 LDA 模型中文档-主题分布 $P(z \mid d)$ 和主题-词项分布 $P(w \mid z)$，需要用 EM 算法首先求出隐藏量 θ、ϕ 和 z 条件概率分布的数学期望（E 步），再接着极大化期望值，得到更新后的模型参数 $\vec{\alpha}$、$\vec{\beta}$（M 步），在进行若干轮迭代运算，算法收敛后，得到与真实 $P(z \mid d)$ 及 $P(w \mid z)$ 近似的 LDA 模型的参数 $\vec{\alpha}$、$\vec{\beta}$。在 E 步执行之前，由于隐藏量 θ、ϕ 和 z 之间存在耦合关联，求解条件概率分布的期望变得很困难，此时需要借助变分推断，即假设所有的隐藏变量都是由各自独立的分布规律形成，用单个独立分布形成的变分分布来模拟近似隐藏变量的条件分布，可以不用再考虑 θ、ϕ 和 z 之间的耦合关系，从而能够正常使用 EM 算法。

EM 算法又称期望值最大法，它是在初始化参数 $\theta^{(0)}$ 的基础上，通过迭代不断去寻找更优的 θ，例如在第 i 次估计到的参数值为 $\theta^{(i)}$，则希望在 $i+1$ 次估计到的参数值 $\theta^{(i+1)}$，能使得对数似然函数 $L(\theta^{(i+1)}) > L(\theta^{(i)})$，若数据中包含有隐含量，则极大化对数似然函数，其表达式为：

$$L(\theta) = \sum_{i=1}^{n} \log P(x^{(i)}; \theta) = \sum_{i=1}^{n} \log \sum_{z^{(i)}} P(x^{(i)}, z^{(i)}; \theta) \tag{6-5}$$

$X = (x^{(1)}, x^{(2)}, \cdots x^{(n)})$ 为可观测量，$Z = (z^{(1)}, z^{(2)}, \cdots z^{(m)})$ 为隐藏量。通过引入一

个新的未知分布 $Q_i(z^{(i)})$，利用 Jensen 不等式中对于凹函数 $f(x)$ 具有 $E(f(x)) \leqslant f(E(x))$ 的性质，将求"和的对数"转换成求"对数的和"，降低运算复杂度。进一步有：

$$\sum_{i=1}^{n} \log \sum_{z^{(i)}} P(x^{(i)}, z^{(i)}; \theta) = \sum_{i=1}^{n} \log \sum_{z^{(i)}} Q_i(z^{(i)}) \frac{P(x^{(i)}, z^{(i)}; \theta)}{Q_i(z^{(i)})}$$

$$\geqslant \sum_{i=1}^{n} \sum_{z^{(i)}} Q_i(z^{(i)}) \log \frac{P(x^{(i)}, z^{(i)}; \theta)}{Q_i(z^{(i)})} \quad (6\text{-}6)$$

$$\sum_i Q_i(z^{(i)}) = 1$$

将式（6-6）写成 $L(\theta) \geqslant J(z, Q)$ 的形式，不断极大化下界 $J(z, Q)$，使得 $L(\theta)$ 的值递增，直到其不再发生大的变化，从而达到优化参数 θ 的目标。首先固定 θ 调节 $Q(z)$，使 $J(z, Q)$ 增大直至在 θ 处与 $L(\theta)$ 相等；接着固定 $Q(z)$，调节 θ 使得 $J(z, Q)$ 达到极大值，此时对应新的参数 θ，并据此进行新一轮的调整。第 i 轮迭代中使得 $J(z, Q)$ 取极大值的 θ 就是第 $i+1$ 轮迭代的最优参数估计值 $\theta^{(i+1)}$。简而言之，EM 算法中，E 步计算联合分布的条件概率期望 $Q(z)$，M 步将对数似然函数极大化以获得新的模型参数，在不断求解下界的极大化过程中来逼近对数似然函数极值。关于 EM 算法的收敛性，目前已证明算法可以保证收敛到一个稳定点，但是却不能保证收敛到全局的极大值点，因此 EM 算法是局部最优的算法。

EM 算法执行的一般步骤如下：

（1）根据先验知识或随机方式初始化参数 $\theta^{(0)}$。

（2）重复下面过程直至 $L(\theta)$ 收敛：

1）根据 $\theta^{(0)}$ 或上一轮迭代参数值计算隐性变量的后验概率，即是 z 的期望，作为变量估计值：

$$Q_i(z^{(i)}) = P(z^{(i)} | x^{(i)}; \theta)$$

$$L(\theta, \theta^{(i)}) = \sum_{i=1}^{n} \sum_{z^{(i)}} Q_i(z^{(i)}) \log P(z^{(i)} | x^{(i)}; \theta) \quad (6\text{-}7)$$

2）将对数似然函数极大化以获得下轮迭代参数值，即：

$$\theta^{(i+1)} = \arg \max_{\theta} L(\theta, \theta^{(i)}) \quad (6\text{-}8)$$

要使用 EM 算法，需先求出隐藏变量的条件概率分布：

$$P(\theta,\phi,z\,|\,w,\alpha,\beta)=\frac{P(\theta,\phi,z,w\,|\,\alpha,\beta)}{P(w\,|\,\alpha,\beta)} \tag{6-9}$$

由于隐藏变量之间存在的耦合关系，导致条件概率无法直接求解。假设 θ、ϕ、z 分别由独立分布 γ、φ 和 λ 生成，如图 6.3 所示，这样 3 个隐藏变量的联合变分分布 q 为

$$q(\phi,z,\theta\,|\,\varphi,\lambda,\gamma)=\prod_{k=1}^{K}q(\phi_k\,|\,\varphi_k)\prod_{d=1}^{M}(\theta_d,z_d\,|\,\gamma_d,\lambda_d)$$
$$=\prod_{k=1}^{K}q(\phi_k\,|\,\varphi_k)\left[\prod_{d=1}^{M}q(\theta_d\,|\,\gamma_d)\prod_{n=1}^{N_d}q(z_{dn}\,|\,\lambda_{dn})\right] \tag{6-10}$$

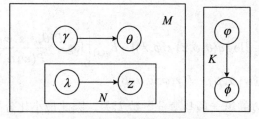

图 6.3 独立分布生成隐藏变量

用变分分布 q 近似地表示 $P(\theta,\phi,z\,|\,w,\alpha,\beta)$，他们之间的 KL 散度 $D(q\,\|\,P)$ 越小，意味着两种分布之间的相似度就越高，其表达式为：

$$D(q\,\|\,P)=\sum_{x}q(x)\log\frac{q(x)}{P(x)}$$
$$=E_{q(x)}[\log q(\theta,\phi,z\,|\,\gamma,\varphi,\lambda)-\log P(\theta,\phi,z\,|\,w,\alpha,\beta)] \tag{6-11}$$
$$=E_{q(x)}[\log q(\theta,\phi,z\,|\,\gamma,\varphi,\lambda)]-E_{q(x)}\left[\log\frac{P(\theta,\phi,z,w\,|\,\alpha,\beta)}{P(w\,|\,\alpha,\beta)}\right]$$

式（6-11）中，$E_{q(x)}$ 是 $E_{q(\theta,\phi,z|\gamma,\varphi,\lambda)}(x)$ 的简写形式，表示变量 x 在变分分布 $q(\theta,\phi,z\,|\,\gamma,\varphi,\lambda)$ 下的期望。能使得 $D(q\,\|\,p)$ 值最小的参数 $(\gamma^*,\varphi^*,\lambda^*)$ 即是要求解的目标，这样就将目标转换成求变分参数的优化问题，即：

$$(\gamma^*,\varphi^*,\lambda^*)=\underset{\gamma,\varphi,\lambda}{\arg\min}\,D[q(\theta,\phi,z\,|\,\gamma,\varphi,\lambda)\,\|\,p(\theta,\phi,z\,|\,w,\alpha,\beta)] \tag{6-12}$$

这个目标也无法直接优化，同样可以通过引入 Jensen 不等式，极大化下界求出极值对应的 $(\gamma^*,\varphi^*,\lambda^*)$。式（6-11）中第二项的分母 $P(w\,|\,\alpha,\beta)$，即文档词项生成概率的对数似然函数 $\log P(w\,|\,\alpha,\beta)$，以下为简要的推导过程：

$$\begin{aligned}
\log P(w\,|\,\alpha,\beta) &= \log\iint\sum_z P(\theta,\phi,z,w\,|\,\alpha,\beta)\mathrm{d}\theta\mathrm{d}\phi \\
&= \log\iint\sum_z \frac{P(\theta,\phi,z,w\,|\,\alpha,\beta)q(\theta,\phi,z\,|\,\gamma,\varphi,\lambda)}{q(\theta,\phi,z\,|\,\gamma,\varphi,\lambda)}\mathrm{d}\theta\mathrm{d}\phi \\
&= \log E_q \frac{P(\theta,\phi,z,w\,|\,\alpha,\beta)}{q(\theta,\phi,z\,|\,\gamma,\varphi,\lambda)} \geqslant \qquad\qquad(6\text{-}13) \\
&\quad E_q\log\frac{P(\theta,\phi,z,w\,|\,\alpha,\beta)}{q(\theta,\phi,z\,|\,\gamma,\varphi,\lambda)} \\
&= E_q\log P(\theta,\phi,z,w\,|\,\alpha,\beta) - E_q\log q(\theta,\phi,z\,|\,\gamma,\varphi,\lambda)
\end{aligned}$$

令 $J(\gamma,\varphi,\lambda;\alpha,\beta) = E_q\log P(\theta,\phi,z,w\,|\,\alpha,\beta) - E_q\log q(\theta,\phi,z\,|\,\gamma,\varphi,\lambda)$，也称为 ELBO，则有：

$$\begin{aligned}
D(q\,\|\,P) &= E_{q(x)}[\log q(\theta,\phi,z\,|\,\gamma,\varphi,\lambda)] - E_{q(x)}\left[\log\frac{P(\theta,\phi,z,w\,|\,\alpha,\beta)}{P(w\,|\,\alpha,\beta)}\right] \quad(6\text{-}14) \\
&= \log(w\,|\,\alpha,\beta) - J(\gamma,\varphi,\lambda;\alpha,\beta)
\end{aligned}$$

式（6-14）右边的第一项与变分参数无关，因此最小化分布真实后验概率分布 p 和变分分布 q 之间的 KL 距离，等价于极大化对数似然函数的下界 J。这样，用变分推断就解决了 EM 算法中由于隐藏变量之间相互耦合，不能求解条件概率的问题。

变分推断 EM 算法与一般 EM 算法的区别在于，在 E 步需要求出最佳变分参数 $(\gamma^*,\varphi^*,\lambda^*)$，通过构造拉格朗日函数分别对变量 γ、φ、λ 求偏导，并令其为 0，得到变分参数表达式，经过多轮迭代更新后直至收敛。下面直接给出变分参数更新的依据规则：

$$\varphi_{nk} \propto \exp\left\{\sum_{i=1}^{V} w_n^i\left[\Psi(\lambda_{ki}) - \Psi\left(\sum_{i'=1}^{V}\lambda_{ki'}\right)\right] + \Psi(\gamma_k) - \Psi\left(\sum_{k'=1}^{K}\gamma_{k'}\right)\right\} \quad(6\text{-}15)$$

式（6-15）中 Ψ 是 Digamma 函数，是 $\log\Gamma$ 函数的导数。式（6-15）的其他参数为：

$$\gamma_k = \alpha_k + \sum_{n=1}^{N}\varphi_{nk} \qquad\qquad(6\text{-}16)$$

$$\lambda_{ki} = \beta_i + \sum_{d=1}^{M}\sum_{n=1}^{N_d}\varphi_{dnk}w_{dn}^i \qquad\qquad(6\text{-}17)$$

在 γ、φ、λ 收敛后，得出最优的 $(\gamma^*, \varphi^*, \lambda^*)$，固定他们的值，进行 M 步，最大化对数似然函数的下界，更新模型参数 α、β。模型参数的更新通常采用牛顿法，通过求解下界对参数 α、β 的一阶导数和二阶导数表达式，迭代逼近模型的最优参数。牛顿迭代公式为：

$$\alpha_k = \alpha_k + \frac{\nabla_{\alpha_k} J}{\nabla_{\alpha_k \alpha_j} J}, \quad \beta_i = \beta_i + \frac{\nabla_{\beta_i} J}{\nabla_{\beta_i \beta_j} J} \tag{6-18}$$

至此，变分推断 EM 算法的流程可描述如下：

（1）初始化 LDA 模型的模型参数 α、β。

（2）循环执行 EM 算法直至参数收敛。

（3）执行 E 步：

1）给变分参数 γ、φ、λ 赋初始值。

2）根据式（6-15）、式（6-16）、式（6-17）迭代更新 γ、φ、λ，直至找出最优的 $(\gamma^*, \varphi^*, \lambda^*)$。

（4）执行 M 步：采用牛顿迭代公式更新模型参数 α、β 直至其收敛。

2. Gibbs 采样算法

文本处理问题中，α、β 是需要提供的先验超参数，且通过统计所有词项出现的次数或频率，可以得到词表向量 $w = (w_1, w_2, \cdots, w_V)$ 各分量的值，而对主题向量 $z = (z_1, z_2, \cdots, z_K)$ 的概率分布未知，这也是要求解的问题。可以采取先求出 w、z 的联合概率 $P(z, w)$，再求解词项 w_i 对应的 z_i 条件概率 $P(z_i = k | w, z_{-i})$，其中，$\vec{z}_{-i}$ 表示除去词项 w_i 后的主题分布，在此之后进行 Gibbs 采样算法，算法收敛后得到 w_i 对应的主题 z_i。统计所有词项对应的主题计数，得到各主题的词项分布，最后统计文档中词项对应的主题计数，即可获得文档的主题分布，即为文档分类需要求解的目标。

根据上文的分析，先求出 w、z 的联合概率分布

$$P(z, w) \propto P(w, z | \alpha, \beta) = P(w | z, \beta) P(z | \alpha) \tag{6-19}$$

上式右边 $P(w | z, \beta)$ 表示根据主题和词项分布先验参数 β 产生词的过程，$P(z | \alpha)$ 则是根据主题分布先验参数 α 进行主题采样的过程，二者之间相互独立。它们的表达式分别为：

$$\begin{cases} P(w \mid z, \boldsymbol{\beta}) = \prod_{k=1}^{K} P(w_k \mid z, \boldsymbol{\beta}) = \prod_{k=1}^{K} \dfrac{\Delta(n_k + \boldsymbol{\beta})}{\Delta(\boldsymbol{\beta})} \\ z = \{n_z^{(t)}\}_{t=1}^{V} \end{cases} \tag{6-20}$$

$n_z^{(t)}$ 表示词项 t 在主题 z 中出现的次数，n_z 则是对主题 z 下所有词项出现次数的统计。

$$\begin{cases} P(z \mid \alpha) = \prod_{m=1}^{M} P(z_m \mid \alpha) = \prod_{m=1}^{M} \dfrac{\Delta(n_m + \alpha)}{\Delta(\alpha)} \\ n_m = \{n_m^{(k)}\}_{k=1}^{K} \end{cases} \tag{6-21}$$

$n_m^{(k)}$ 代表主题 k 在文档 m 中出现的次数，n_m 是对文档 m 中所有主题出现次数的统计。

综合式（6-20）、式（6-21），联合分布 $P(z,w)$ 表示成：

$$P(z,w) = \prod_{k=1}^{K} \dfrac{\Delta(n_k + \beta)}{\Delta(\beta)} \prod_{m=1}^{M} \dfrac{\Delta(n_m + \alpha)}{\Delta(\alpha)} \tag{6-22}$$

对于文档 d 中的词项 w_i，由于具有可观测性，因此有等价关系：

$$P(z_i = k \mid w, z_{-i}) \propto P(z_i = k, w_i = t \mid w_{-i}, z_{-i}) \tag{6-23}$$

在得到联合概率分布后，再求解第 m 篇文档中第 n 个词项的全部条件概率就会相对简单，排除当前词项的主题分配，根据其他词项的主题和观测到的词，计算当前词项的主题概率，表达式为：

$$P(z_i = k \mid w, z_{-i}) \propto \dfrac{n_{k,-i}^{(t)} + \beta_t}{\sum_{t=1}^{V} n_{k,-i}^{(t)} + \beta_t} \cdot \dfrac{n_{m,-i}^{(k)} + \alpha_k}{\sum_{k=1}^{K} (n_{m,-i}^{(k)}) + \alpha_k} \tag{6-24}$$

式（6-24）右边的两项对应着由模型参数 α、β 产生的主题分布 $\theta_{m,k}$ 和词项分布 $\phi_{k,t}$，至此，Gibbs 采样算法通过求解主题分布和词项分布的过程，解决了未知参数估计的问题。

如图 6.4 所示，从文档 d 到词项 w 之间，存在有 k 个主题，对应着 k 条到达路径，Gibbs 采样算法即是在这 k 条路径中选择与主题关联度较高的词项组成文档。除了生成 θ_{mk} 的模型参数 α，以及生成 ϕ_{kt} 的模型参数 β 之外，主题数目 K 的确定非常关键，它决定了算法执行的复杂度和效率，需要根据引用对分类粒度的粗细来确定，除了经验值外，也会有一些方法来辅助完成 K 值的设置。

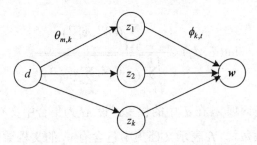

图 6.4 Gibbs 采样算法的过程示意图

6.3.4 主题挖掘与处理

在一些离线处理场合，文本数量有限，规模增长速度偏慢，主题数量和类别可知，技术上可以通过人工标注一些学习样本训练分类模型，来完成未知类别文本的归属划分。这种有监督学习方法的分类泛化性能很大程度上依赖于示例样本的质量和数量，对于网络环境下文本体现出的大规模、增长快、高维度、强噪声、标注少、潜在主题等特征，会显得力不从心，譬如通过示例样本训练出的模型会将一些新出现的话题文本划归为噪声，这显然不是我们希望得到的结果。

LDA 模型是一种无监督分类方法，在实际应用需求的指引下，通过调节分类颗粒的粗细（聚类数目），既能挖掘出一些新的主题，又可以防止由于过细分类导致主题的分裂。针对 VSM 存在的数据空间稀疏，语义特征挖掘能力有限等问题，LDA 模型可通过某些算法完成文本特性度量，根据度量结果判断噪声主题和有明确内涵的主题。

1. 文本特性度量

（1）独立性度量。每类主题都会包含一些特征词项，这些词项出现在其他类别主题中的概率相对较小，某个主题是否具备独立性，相应词汇是否出现在其中是一项重要参考。主题的独立性度量可以通过它与其他主题之间的相似度来评价，余弦距离计算是一种常用的衡量文本间相似程度的方法，同一主题下的文档相似程度较高，而不同主题下的文档向量空间距离会较大。若词表规模为 V，则文档 d_i 和 d_j 的相似度可表示为：

$$\text{sim}(d_i, d_j) = \frac{\sum_{k=1}^{V}(\omega_k^{(i)}, \omega_k^{(j)})}{\sqrt{\sum_{k=1}^{V}(\omega_k^{(i)})^2 \cdot \sum_{k=1}^{V}(\omega_k^{(j)})^2}} \quad (6\text{-}25)$$

式（6-25）中 $\omega_k^{(i)}$ 是词项 w_k 在 d_i 中的权重，设 M 为集合中文档的数量，tf_{ki} 表示 w_k 在 d_i 中出现的次数，df_k 表示文档集中包含有 w_k 的文档数量，$\omega_k^{(i)}$ 可通过下式获得：

$$\omega_k^{(i)} = tf_{ki} \cdot \ln\frac{M}{df_k} \quad (6\text{-}26)$$

通常用所有主题之间的平均相似度来衡量主题结构的稳定性，当平均相似度最小时，对应的模型最优。平均相似度可表示为：

$$\text{avg\_sim}(structure) = \frac{\sum_{i=1}^{K-1}\sum_{j=i+1}^{K}\text{sim}(z_i, z_j)}{K \times (K-1)/2} \quad (6\text{-}27)$$

与度量文档间的相似度一样，主题的相似程度也可以进行量化表示，在主题 z_i 及 z_j 中按概率从高到低分别选取 M 个词项作为对应主题的特征词，假设有 N（$N<M$）个词项 $(w_1, w_2, \cdots, w_n)$ 分别以概率 $(P_{i1}, P_{i2}, \cdots, P_{in})$ 和 $(P_{j1}, P_{j2}, \cdots, P_{jn})$ 出现在 z_i 和 z_j 中，两个主题之间的相似度可表示为：

$$\text{sim}(z_i, z_j, m) = \sum_{s=1}^{n} P_{is} \times P_{js} \quad (6\text{-}28)$$

一般来说，相似度越小意味着主题间的独立性越强，用于表述主题的专用核心词项数量越多，界限划分也越清晰，相似度越大则表明特征向量间的相似程度越高，相似度等于 1 时文本表示完全相同。而有一种情况，即噪声主题的词项杂乱无章，它与别的主题间的相似度也很低，但却没有明确的内涵。相似度偏大，表明主题间的公用词项过多，主题间差异性不够。

余弦相似度通过向量夹角的余弦值刻画向量间的差异性，显然它是从向量夹角，也就是方向上进行考量，并未考虑向量长度这一特征。相似性度量的另一种方法 JS（Jensen-Shannon）距离从信息相对熵的角度比较数据的差异性，更适用于概率空间模型，其度量准确性相对于余弦相似度更高。

熵是信息论中对不确定性的量化表示方法，KL 距离是在信息熵概念的基础上，用来衡量概率分布的差异程度，其表达式为：

$$D_{KL}(P,Q) = \sum_{x \in X} P(x) \log \frac{P(x)}{Q(x)} \tag{6-29}$$

上式含义为用模型上的概率分布 $Q(x)$ 对事件的真实概率分布 $P(x)$ 进行编码，所需额外的位元数，或者说，$Q(x)$ 作为 $P(x)$ 的近似表示，二者之间的量化差异如何。KL 距离不具有对称性，即 $D_{KL}(P,Q) \neq D_{KL}(Q,P)$，是一种非对称性度量。JS 距离是基于 KL 距离的变体，前者解决了后者非对称的问题，取值范围为区间[0,1]。JS 距离的表达式为：

$$D_{JS}(P,Q) = \frac{1}{2} \left[D_{KL} \left(P \| \frac{P+Q}{2} \right) + D_{KL} \left(Q \| \frac{P+Q}{2} \right) \right] \tag{6-30}$$

上式中 P,Q 是同一事件的两个概率分布，二者的 JS 距离越大，表示它们之间的差异性也就越大。

由 m 个特征词体现出的 z_i 独立性 $D(z_i, m)$，是 z_i 和其他 $K-1$ 个 z_{-i} 相似度的累加和。$D(z_i, m)$ 的表达式为：

$$D(z_i, m) = \sum_{j=1, j \neq i}^{K} \mathrm{sim}(z_i, z_j, m) \tag{6-31}$$

设置阈值区间 (δ_0, δ_1)，若 D 值落入区间内，则既可以挖掘出有一定区分度的主题，有能够有效规避噪声主题的影响。

（2）代表性度量。在使用 LDA 模型进行文本主题挖掘时，每个主题都会包含有大量的词项，网络应用场景下，词项的规模更是海量，会给后续的存储和计算造成巨大压力。实际应用中发现，一些高频词项对主题具有较强的代表性，而那些使用频率低的词项对主题筛选的贡献非常有限，反而会造成信息维度的增加，降低文本处理的效率。文献[79]中对 100 万条微信公众账号的短文本信息进行分词处理，得到不重复的词项约 40 万个，平均每条微信包含约 12 个词项。类似于"关注""服务""平台"等公共词汇以非常高的频率出现，而一些特定主题涉及的专用词汇使用的频率相对较低。

如表 6.1 所示，词频百分比并不是随着词项规模的扩大线性递增，前 3000 个词项的使用频率已经高达 75%，当词规模扩大 10 倍，到达 30000 时，使用率仅增加约 17%，新词项的加入形成规模扩张，但词汇整体的使用率却处于下降状态，成本投入并未带来相应的效益。因此，能够代表某个主题的通常是出现概率高的词项，在进行主题挖掘时，统计前 M 个词项的概率并求和，设置阈值 δ，当概率和低于 δ 时，可认为能够代表某个主题的核心词项未集中出现，进而判断文档没有明确的主题。M 值的确定对文本处理的效率会产生较大影响，如刚提到的拥有 40 万词项的微信文本素材库，统计 2000 个词项和 20000 个词项的存储开销和运算开销肯定相差很大。根据"二八定律"，20%的词项的使用率会达到 80%，但在很多网络文本应用场合中，占词库规模 1%～3%的词项在文档中频繁出现的概率就超过80%。因此，在网络文本主题挖掘时，要依据应用领域对精度和速度的要求，恰当确定需要采集的核心词项规模，核心词项是指能最大程度代表文本语义的高频词项。

表 6.1　文本高频词项的使用情况统计

高频词项数量	占总词频百分比/%
500	49.80
1000	60.41
1500	66.38
2000	70.29
2500	73.13
3000	75.33
3500	77.08
4000	78.52
5000	80.79
8000	84.97
10000	86.67
20000	90.85
30000	92.66

例如，对于财经股市主题（编号：Topic1），选择频率从高到低排列的 7 个词项，见表 6.2。

表 6.2　财经股市主题中高频词项的统计

表征词	经济	通胀	货币	消费	购买力	税收	涨跌
概率	0.105	0.096	0.091	0.084	0.072	0.065	0.054

Topic 7 个高频词项对主题 Topic1 的代表性度量值 Represent 计算如下：

Represent(Topic1,7)=0.105+0.096+0.091+0.084+0.072+0.065+0.054=0.567

词项规模越大，Represent 值也就越大，但成本的增加会导致效率的下降，阈值 δ 的作用在于确定一个恰当的规模来明确该主题是否为噪声主题。

对于某个文档，有代表性的高频词项虽然数量并不会太多，但它们对主题划分起到关键的作用。例如，某篇文档中频繁出现"婚礼""司仪""新郎""新娘"等词汇，那么它所陈述的很大概率是与"婚庆"主题相关的内容。但另一些高频词项，比如"达人""欢迎""中心""喜欢"等，会将文本归于"无主题"一类，属于噪声词汇。

（3）冗余性度量。特征选择的重要依据是它与主题（或者说类别）之间有强相关性，也即是说，一个新文本样本是否可以归于某个类别，要看能够表征该类别的词项有多少出现在其中。从 MI 的角度进行描述，特征与类别的 MI 值越大，则特征对分类的贡献度也就越大，这里采用了特征独立性假设，即特征间没有相互依赖，不存在冗余关系，但这种假设在实际应用领域中很难成立，因此，在考虑特征与主题间的关系时，需要从两方面入手，一是最大化词项与类别的相关性，二是最小化词项间的冗余性，Peng 等人提出的 mRMR（minimum Redundancy and Maximum Relevance）算法，以互信息作为相关度和冗余度的度量准则，进行特征筛选。

最小冗余度意味着在特征集 F 中，选择$|S|$个特征的相似度最低，互信息最小 $\min R(S)$ 构成最小冗余特征集 S；最大相关度 $\max D(S,C)$ 体现了特征对类别的影响程度，或者说类别对特征的依赖程度，$D = \dfrac{1}{|S|} \sum\limits_{w_i \in F} I(w_i, C)$，$C = \{c_1, c_2, \cdots c_L\}$。

因此有：

$$R(F) = \frac{1}{|S|} \sum_{w_i, w_j \in F} I(w_i, w_j)$$

$$I(w_i, w_j) = P(w_i, w_j) \ln \frac{P(w_i, w_j)}{P(w_i)P(w_j)}$$

(6-32)

在代表性度量中提到，采用词频从高到低排序，选择前 N 个高频词项作为特征分量能够较好地表征特征向量，并且起到了有效降维的作用，但这种基于词频排序的选择方法并未考虑特征之间的冗余关系，因此获得的特征组合有时并不能准确地描述文本。mRMR 算法的思路是：若已经从集合 F 中选取了 m 个特征，构成子集 S_m，若要从剩余的 $F - S_m$ 中再提取第 $m+1$ 个特征，可遵循最大相似-最小冗余准则，即：

$$\text{mRMR}_{m+1}(w_i) = \max_{w_i \in F - S_m} \left[I(w_i, C) - \frac{1}{m} \sum_{w_j \in S_m} I(w_i, w_j) \right] \tag{6-33}$$

用 mRMR 算法对特征集处理之后，去除不相关信息和重复信息，再在此基础上使用 LDA 模型，效果会更好。

2. LDA 模型的最优主题数

单个 LDA 模型对应一个人为确定的主题数，训练得到模型相关参数，即可对文本资源集合中的文档按主题进行类别划分。LDA 模型中的最优主题数不仅与数据集合的规模有关，且与文本间的相关度也存在密切联系。模型粒度的粗细对主题挖掘的效果影响非常大，当分类数目不足，或者说粒度过粗时，一些潜在的独立主题会被划分到别的大类中，如"园艺""农业栽培"等需要在细粒度条件下才能被挖掘的话题，由于自身的语料不够，导致不能独立作为主题。分类粒度过细，也会造成本身完整的主题被拆分成小的类别，这种拆分是否必须要根据具体应用来差别对待，某些一级主题需要进一步细化成二级分类、三级分类，这样文本的类别属性会更为明确，比如，将主题"休闲娱乐"细化成"电影电视剧""游戏""音乐"等二级分类，将主题"美容"分成"美发造型""肌肤护理""瘦身整形"等小的类别，将相关的文本归于这些更细致的类别中，方便检索和使用，但某些细粒度划分则显得冗余，主题分布的重叠较为严重，主题间的相关性很强，单个主题涵盖的意义并不完整，实际应用价值很小。

主题数量如何确定要根据实际应用的具体要求，如果任务并不是主题本身，而是文本检索、分类或文档推荐之类的应用，主题数的确定就相对随意，一般来说，主题数多设置一些的效果会更好；但若任务的目标就是针对主题，如挖掘一些有意义的主题做事件探测，此时的主题数会比较关键。David M. Blei 在介绍 hLDA 的文献中提出非参数主题模型，是一种基于贝叶斯概率与参数无关的主题模型，模型的主题个数能随着文档及词项数目的增加而相应调整，不需要人工进行事先设定，但这种模型在实际应用中效果并不理想。研究表明，新的主题通常在已有主题重叠的区域产生，LDA 模型的产生过程就是在已知主题数目的前提下，通过调节主题在词空间的比例，不断去除主题之间相关性的过程。

由于 Dirichlet 分布的抽样假设是主题之间彼此独立，因此 LDA 模型不具备描述主题相关度的能力，忽略真实数据主题间的相互联系使得模型对训练样本集的表示能力，以及对测试集的预测能力都受到限制。CTM（Correlated Topic Model）模型与 LDA 模型类似，单个文档对应一个主题概率分布的向量，用主题间的协方差描述它们之间的相关性，但只能进行两两描述。PAM（Pachinko Allocation Model）模型用有向无环图（DAG）刻画语义结构，它既可以表达词项之间的相关性，也能够描述主题间的相关性，但 PAM 模型和 LDA 模型一样，需要事先人为设定主题数量。HDP（Hierarchical Dirichlet Process）模型通过 DP 的非参数特性自动确定主题的数量，但这种方法需要为同一个数据集分别建立 HDP 和 LDA 两个模型，这就增加了问题处理的代价。

在指定 LDA 模型主题数目时，常用的做法是用训练完成的模型对无标签数据集进行测试，并在测试结果的基础上计算困惑度（perplexity），即：

$$\begin{cases} \ln[P(w_d)] = \sum_{d=1}^{N_d} \ln(\sum_{k=1}^{K} \phi \cdot \theta) \\ \text{perplexity}(W \mid D) = \exp\left\{ -\dfrac{\sum\limits_{d=1}^{M} \ln[P(w_d)]}{\sum\limits_{d=1}^{M} N_d} \right\} \end{cases} \tag{6-34}$$

式（6-34）中，M 为测试语料库的规模，N_d 是第 d 个文档中包含的词项数量，可以看出，指数部分的分母是测试集中包含的词项数量，分子则是生成文档的似然估计，即训练样本集生成模型参数的能力。主题数越多，困惑度就越小，新文档的主题归属就越明确。LDA 模型在 N 数量较小时候表现很差，但随着 N 的增加，其性能在逐渐增强，LDA 模型面对一个新文档，没有搞清其文档-主题分布之前，其预测准确率很低，随着词汇的不断加入，掌握了文档的文档-主题分布，并进一步获得主题-词汇分布之后，准确率也会随之提升。

6.4 微博文本主题分类

　　微博是网络上一种常见的社会舆情传播载体，热点事件及商业信息等都可通过它先行向公众进行报道，其表述形式短小精炼、内容简洁，涉及社会生产生活各领域，政府部门、企事业单位、各类社会组织、商业机构都可以通过它向公众发布信息，一些个体，如业界名流、领域专家等，都能够开通微博账号发布信息。微博上的热点通常为突发事件、有新闻价值的信息，以及社会当前关注的热点，同一主题的微博文本会集中在一段事件内大量出现，在此之后规模逐渐衰减。微博文本也属于短文本范畴（一般字数限定在 140 字以内），同样具有特征稀疏、高噪声、上下文关联性强等特点，相对于机构微博的语法逻辑性强，用词规范，个体微博用于表达对事件、人物的观点，记录个人的情感等，主题明确性不突出，而且文本表述无论在词法，还是语法上规范性都要差一些。图 6.5 为微博结构示意图。

图 6.5　微博结构示意图

　　互联网数据中心（DCCI）的 2019 年上半年调查数据显示，微博用户使用该媒介的目的主要是记录自己的心情、寻找兴趣相同的群体、讨论共同感兴趣的话题等，用户将微博作为一个即时信息交流的平台，用户最喜欢的应用中，评论、关注、热门话题和转发占据前四位。由于微博的自媒体特性和信息高度丰富等特点,综合门户网站对微博用户的覆盖率高达 92.3%,且不同的门户平台上,微博主题所占的比例也相差较大,就国内有影响力的微博平台而言,腾讯微博中休闲娱乐主题的数量达到 53.8%,新浪微博的用户更倾向于通过该平台记录自己的心情,关注社会名流,自媒体性质更强,这类用户的比例高达 59.3%,网易微博用户使用微博时有更明显的社交拓展目的,交友、人脉扩展主题的微博数量达到 51.7%。

使用 LDA 模型与聚类算法相结合,能够实现微博文本无监督分类,避免对经验样本的过度需求,十分适用于大规模短文本分类。先用 LDA 模型对文本进行主题区域划分,在获得主题分布概率的前提下,再使用 Single-Pass、k-Means 等算法完成聚类,这样包括查全率、查准率在内的微博分类性能更优。与文本处理流程一致,微博分类也要经历格式预处理、分词、向量表示、建模、模型参数训练、性能测试等一系列流程,此外,根据短文本自身的特点,还需要完成同义词/近义词词典、高频词项分析等步骤的操作。

6.4.1　文本预处理

1. 格式预处理

微博文本在格式上大体由标注信息和内容两部分构成,标注信息主要包含微博 ID、发布平台、转发数量、评论数量、信息来源、发布时间等。内容主要由标题和正文两部分构成,一些特殊意义的符号,如"#""@"等在正文中出现的频率也非常高,此外,微博中通常还会包含图片、音视频、URL 等超文本信息。根据信息来源、发布者的身份不同,文本在呈现格式及词法、语法使用的规范性上也会存在较大差异,例如,政府机关及职能部门、社会服务机构、公共平台等向外发布的微博类似于新闻体文本,语句表述精炼,用词规范,句法结构完整。而另一些微博用户则会在正文中使用一些表情符号,特殊字符、字母、谐音字等,提升表达的生动性、趣味性,但也给机器处理带来了较大的麻烦。

格式预处理的目的就是去掉内容中包含的特殊符号、字符、表情符号、图片、网址链接等信息,仅保留纯文本以供后期的处理。

2. 同义词/近义词词典

一义多词是文本表达中的常见现象，它增加了表达的多样性、丰富性，尤其在网络环境中，新的未登录词不断涌现，如果不建立同义词/近义词词典，会导致文本表示时维度过大，加上海量文本处理的应用环境，主题-词项矩阵规模会非常庞大，机器处理时间也会大幅增加，分类系统的实时性效应大打折扣。同义词/近义词词典在降低数据表示维度和向量稀疏度方面发挥了重要作用，例如，形容词"美丽""漂亮""好看""帅气"等表达的意思相近，向量表示时可以使用同一个分量完成。

3. 去重和降噪

去重和降噪是微博文本预处理的重要环节，它能为后续的文本处理提供有质量的素材。转发是微博信息传播的常规途径，一些影响度较高的微博用户的博文经过粉丝的转发，内容一致的博文会重复出现在不同用户的帐户里，造成信息冗余，增加机器处理的负担，simhash 是谷歌的一个开源算法，常被用来网页去重，在短文本去重方面也能展现出良好的性能。

文本降噪指去除主题区分度弱的信息，微博因用户组成结构复杂，内容发布随意性强，尤其在一些个人情感类博文中噪声信息占比非常高，通常分两种情况，一是整条文本没有明确的主题，词项间逻辑关系弱，为一些高频词项的堆砌，不能表达完整的含义；二是分词之后的词项噪声，如一些停用词、单个字、人名、地名等。降噪的目标即是将微博文本整条去除，或是去除文本中的部分噪声词项，在对词项处理时，为了防止将某些有意义的词当成噪声处理，需要建立白名单词典，词典中存在的单字、人名、地名等不能认定为噪声，例如"盘""OMG"等。此外，在博文本身和评论的内容中有些涉及敏感性话题或包含攻击性言论，也要作为噪声进行屏蔽。

6.4.2　LDA 建模

下面以新浪微博 2019 年 8 月某个时段普通用户和加 V 用户的 12000 条微博作为分析对象，进行词频、词分布、使用率等信息的统计。

表 6.3 为 12000 条测试微博的基本情况统计，其中给出了词出现在微博文本

中的平均次数，并据此对分布、使用率等指标实施计算。如热门词"硬核"在 320 条微博中出现了 490 次，则词频 $f = 490/2592000 = 0.0189\%$，分布率 $d = 320/12000 = 2.67\%$，使用率 $r = 0.0189\% \times 2.67\% = 0.0504\%$。

表 6.3　12000 条测试微博的基本情况统计

微博条数	文本数据量	出现词数	平均每条微博包含词数	词平均出现频率	词数×频率（总）
12000	3.7MB	162000（约）	13.5	16	2592000（约）

表 6.4 为微博主题对应的高频词项举例，其中列出了部分微博主题及其对应的少量高频词项，LDA 模型是一种基于文档-主题-词项的模型，6.3.3 节中提到，词表规模过大会带来机器处理性能的下降，统计经验表明，覆盖率达到 80% 的词项对词表具有很好的代表性，而规模通常只在词表的 1%～3% 之间。

表 6.4　微博主题对应的高频词项举例

主题编号	主题标签	部分高频词项					
Topic1	新闻热点	改变	缓和	调查	揭露	隔离	危害
Topic2	财经股市	经济	通胀	货币	购买力	税收	涨跌
Topic3	综艺明星	颜值	热搜	粉丝	明星	时尚	直播
Topic4	音乐	歌手	风格	节奏	专辑	单曲	天籁
Topic5	运动健身	有氧	皮脂	瘦身	代谢	肌群	卧推
Topic6	情感	无聊	可恶	拜托	差劲	惊喜	过分
Topic7	汽车	驾驶	油耗	车载	SUV	内饰	
Topic8	游戏	魔法	手游	外挂	点卡	电竞	公测
Topic9	手机	手机	安卓	苹果	小米	套餐	话费

使用困惑度确定主题数后，可根据词项的代表性或独立性准则，挖掘出非噪声主题，用准确率、召回率、F_1 测度等指标结合词项规模筛选出最优置信度阈值 δ，词项频率之和超过阈值的才是有明确主题的文本。

准确率 P 和召回率 R 是一对相反趋势变化的指标，$F_1 = (2 \times P \times R)/(P + R)$ 综合考量了二者之间的关系。表 6.5 显示随着 δ 值的增加，文本被认定为非噪声主题的门槛不断提高，准确率也随之递增，召回率（灵敏度）逐步降低，$\delta = 0.3$ 时

的 F_1 最大，说明在该阈值下 LDA 模型进行主题挖掘的效果最优。

表 6.5　指标参数对应的代表性阈值

δ 值	准确率 P	召回率 R	F_1 值
0.15	0.603	0.870	0.712
0.2	0.668	0.812	0.733
0.25	0.713	0.763	0.737
0.3	0.754	0.725	0.739
0.35	0.791	0.671	0.726
0.4	0.816	0.633	0.713

　　主题间的独立性可由相似度进行衡量，平均主题相似度的最小值对应最优模型结构。对于微博中的每个主题选取 80 个特征词两两与其他主题进行相似度计算，并按式（6-31）求和，通过分析结果是否落入阈值区间 $[\delta_0, \delta_1]$，来判断主题是否具有可区分性。

　　例如，要判断 Topic3（综艺明星）是否为可明确区分的主题，需要计算它和其他 8 个主题间的相似度，并进行累加，以求解与 Topic4（音乐）相似度为例，见表 6.6。

表 6.6　两个主题相似度计算的示例

Topic3	表征词	综艺	娱乐	粉丝	歌手	时尚	选秀	专辑
	词频	0.102	0.096	0.092	0.084	0.08	0.075	0.072
Topic4	表征词	歌手	专辑	节奏	旋律	单曲	重金属	中国风
	词频	0.311	0.284	0.118	0.103	0.093	0.075	0.073

具体计算式为：

sim(Topic3,Topic4,7)=0.084×0.311+0.072×0.284=0.026+0.020=0.046

　　阈值区间 $[\delta_0, \delta_1]$ 的取值也需要通过准确率、召回率和 F_1 测度等指标的比较来获得，图 6.6 显示了不同的阈值区间对应的上面三项指标的变化，可以看出 [0.015,1.500] 阈值区间对应的综合指标 F_1 测度最优。

　　表征词规模肯定比主题对应的词表规模要小很多，具体的数量要根据主题涵盖的内容来确定，一些主题如"情感"其涉及的词汇量非常多，特征词的量也会相对大一些，而另一些主题，如"军事""彩票"等，特征词规模则会小很多。

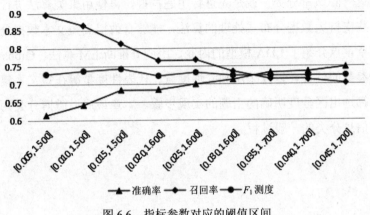

图 6.6 指标参数对应的阈值区间

诸如微博之类的短文本，一般认为它是具有单一主题的，LDA 模型用向量表示文本归于各主题的概率，并将最大概率值对应的主题认定为文本的主题。但是，单一 LDA 模型具有不稳定的特点，即对同一个文本的主题判断，不同实验轮次得出的结果可能不一致，一是降序排列的主题顺序发生变化，二是概率值发生变化，文献[79]提出一种 LDA 多模型短文本分类算法，类似于机器学习中的委员会投票算法，初始化多个不同粒度的 LDA 模型，每个模型对文本的主题归属作出概率判断，且各模型输出的概率向量可能并不一致，而最终采纳的结果是最大概率和对应的主题。但 LDA 多模型结构的系统开销很大，速度相对较慢，不适宜在线实时信息分类。

6.5 本章小结

本章研讨的短文本这种网络信息载体，机器表示上具有高稀疏性、强噪声及上下文关联性强等特点，其应用领域非常广泛，且仍在不断延伸，因此对它的理论研究十分必要和重要。文本处理的两个核心步骤：特征表示与分类算法，短文本的特征表示缺乏，可利用外部资源进行特征扩充，也可以挖掘文本自身的信息进行特征扩充，如词汇共现、频繁项集等。很多已有的成熟机器学习算法在面对短文本特征稀疏、高噪声以及海量规模的特点时，泛化性能不尽如人意，因此，依照主题这一隐藏量分类，或是先进行主题挖掘，再使用聚类算法进行分类，以及引入一些支持大数据分布式处理的算法，能够有效提高短文本数据分类处理的效率。本章重点介绍了 LDA 模型的内涵，用变分推断 EM 算法、Gibbs 采样算法实现模型参数的估计，以及采用独立性度量、代表性度量等在短文本集中进行主题挖掘，筛选出区分度明确的主题的实现步骤。本章最后以微博分类为例，陈述了短文本信息分类的一般过程。

参考文献

[1] 郭喜跃，何婷婷. 信息抽取研究综述[J]. 计算机科学，2015，42（2）：14-17.

[2] 刘建伟，刘媛，罗雄麟. 半监督学习方法[J]. 计算机学报，2015，38（8）：1592-1603.

[3] 中国互联网络信息中心. 第 42 次《中国互联网络发展状况统计报告》[EB/OL]. http://www.cnnic.net.cn/hlwfzyj/hlwxzbg/hlwtjbg/201808/t20180820_70488.htm，2018-08-20.

[4] 李钝，曹元大，万月亮. Internet 中的新词识别[J]. 北京邮电大学学报，2008，31（1）：26-29.

[5] 林自芳，蒋秀凤. 基于词内部模式的新词识别[J]. 计算机与现代化，2010（11）：162-164.

[6] 杜丽萍，李晓戈，于根. 基于互信息改进算法的新词发现对中文分词系统改进[J]. 北京大学学报（自然科学版），2016，52（1）：35-40.

[7] 陈守钦. 中文短文本未登录词发现及情感分析方法研究[D]. 北京：北京工业大学，2017.

[8] 周祺. 基于统计与词典相结合的中文分词的研究与实现[D]. 哈尔滨：哈尔滨工业大学，2015.

[9] Salton G . A Vector space model for automatic indexing[J]. Communications of the ACM, 1975, 18(11):613-620.

[10] 徐戈，王厚峰. 自然语言处理中主题模型的发展[J]. 计算机学报，2011，34（08）：1423-1436.

[11] Deerwester S C, Dumais S T, Landauer T K, et al. Indexing by latent semantic analysis[J]. Journal of the American Society for Information Science, 1990, 41(6):391.

[12] Thomas Hofmann. Unsupervised learning by probabilistic latent semantic analysis[J] . Machine Learning, 2001(1).

[13] Blei, David M, Ng, et al. Latent Dirichlet Allocation[J]. Journal of Machine Learning Research, 2003, 3:993-1022.

[14] Griffiths T L, Steyvers M. Finding scientific topics[J]. Proceedings of the National Academy of Sciences of the United States of America, 2004, 101(Supplement 1): 5228-5235.

[15] Bengio Y, Schwenk H, Jean-Sébastien S, et al. Neural probabilistic language models[J]. Journal of Machine Learning Research, 2006.

[16] Mikolov T, Chen K, Corrado G, et al. Efficient estimation of word representations in vector space[J]. Computer Science, 2013.

[17] Mikolov T, Le Q V, Sutskever I . Exploiting similarities among languages for machine translation[J]. Computer Science, 2013.

[18] Le Q V, Mikolov T . Distributed representations of sentences and documents[J]. 2014.

[19] Joulin A, Grave E, Bojanowski P, et al. Bag of tricks for efficient text classification[J]. 2016.

[20] Kim Y. Convolutional neural networks for sentence classification[J]. Eprint Arxiv, 2014.

[21] Liu P F, Qiu X P, Huang X J. Recurrent neural network for text classification with multi-task learning[C]//Proceedings of the25th International Joint Conference on Artificial Intelligence, 2016:2873-287.

[22] Lecun Y, Bottou L, Bengio Y, et al. Gradient-based learning applied to document recognition[J]. Proceedings of the IEEE, 1998, 86(11):2278-2324.

[23] Hochreiter S, Schmidhuber J. Long short-term memory[J]. Neural Computation, 9(8):1735-1780,1997.

[24] Graves A, Jaitly N, Mohamed A R. Hybrid speech recognition with deep bidirectional LSTM[C]// Automatic Speech Recognition and Understanding

(ASRU), 2013 IEEE Workshop on. IEEE, 2013.

[25] Chung J, Gulcehre C, Cho K H, et al. Empirical evaluation of gated recurrent neural networks on sequence modeling[J]. Eprint Arxiv, 2014.

[26] Yang Z, Yang D, Dyer C, et al. Hierarchical attention networks for document classification[C]//In Proceedings of NAACL-HLT,2016: 1480-1489.

[27] 徐冠华，赵景秀，杨红亚，等．文本特征提取方法研究综述[J]．软件导刊，2018，17（05）：13-18．

[28] 杨杰明．文本分类中文本表示模型和特征选择算法研究[D]．长春：吉林大学，2013．

[29] 苏金树，张博锋，徐昕．基于机器学习的文本分类技术研究进展[J]．软件学报，2006（09）：1848-1859．

[30] 张玉芳，万斌候，熊忠阳．文本分类中的特征降维方法研究[J]．计算机应用研究，2012，29（07）：2541-2543．

[31] 苏金树，张博锋，徐昕．基于机器学习的文本分类技术研究进展[J]．软件学报，2006（09）：1848-1859．

[32] Quinlan J R. Induction of decision trees[J]. Machine Learning, 1986, 1(1):81-106.

[33] Quinlan J R . Combining instance-based and model-based learning[C]// Machine Learning, Proceedings of the Tenth International Conference, University of Massachusetts, Amherst, MA, USA, June 27-29, 1993. Morgan Kaufmann Publishers Inc. 1993.

[34] Breiman L. Classification and regression trees[M].Chapman&Hall /CRC，Boca Raton,FL,1984.

[35] Zhao W Q, Zhang Z L. An email classification model based on rough set theory, in Proceedings of the 2005 International Conference on active media technology:(AMT2005):May 19-21, 2005, Kagawa International Conference Hall, Takamatsu, Kagawa, Japan, IEEE Xplore, Piscataway, N.J., pp. 403-408.

[36] 周志华．机器学习[M]．北京：清华大学出版社，2016．

[37] 杉山将. 统计机器学习导论[M]. 谢宁，李柏杨，肖竹，等译. 北京：机械工业出版社，2018.

[38] Ethem A. 机器学习导论[M]. 2 版. 范明，昝红英，牛常勇，译. 北京：机械工业出版社，2014.

[39] Fabrizio S. Machine learning in automated text categorization[J]. ACM Computing Surveys,2002,34(1):1-47.

[40] Warren S, Mcculloch, Walter P. A Logical calculus of the ideas immanent in nervous activity[J]. Bulletin of Mathematical Biology, 1943, 52(1-2):99-115.

[41] 于玲，吴铁军. 集成学习:Boosting 算法综述[J]. 模式识别与人工智能，2004，17（01）：52-59.

[42] 沈学华，周志华，吴建鑫，等. Boosting 和 Bagging 综述[J]. 计算机工程与应用，2000（12）：31-32+40.

[43] Felsenstein J. Confidence limits on phylogenies: an approachusing the bootstrap[J]. Evolution, 1985, 39(4):783.

[44] 奉国和. 文本分类性能评价研究[J]. 情报杂志，2011，30（08）：66-70.

[45] 余鹰. 多标记学习研究综述[J]. 计算机工程与应用，2015，51（17）：20-27.

[46] 李志欣，卓亚琦，张灿龙，等. 多标记学习研究综述[J]. 计算机应用研究，2014，31（06）：1601-1605.

[47] 吕小勇. 多标签文本分类算法研究[D]. 太原：山西财经大学，2010.

[48] Zhang M L, Zhou Z H . A review on multi-label learning algorithms[J]. IEEE Transactions on Knowledge and Data Engineering, 2014, 26(8):1819-1837.

[49] Gibaja, Eva, Ventura, et al. A tutorial on multilabel Learning[J]. Acm Computing Surveys,2015, 47(3):497-534.

[50] Grigorios T, Ioannis K, Ioannis V. Mining multi-label data[M]. Berlin: Data Mining and Knowledge Discovery Handbook. 2010.

[51] Clare A, King R D . Knowledge discovery in multi-label phenotype data[C]// European Conference on Principles of Data Mining and Knowledge Discovery. CiteSeer, 2002.

[52] Zhang M L, Zhou Z H. ML-kNN: A lazy learning approach to multi-label learning[J]. Pattern Recognition, 2007, 40(7): 2038-2048.

[53] Tsoumakas G, Katakis I, Vlahavas I. Random k-labelsets for multi-label classification[J]. IEEE Transactions on Knowledge and Data Engineering, 2001,23(7): 1079-1089.

[54] 伏浩铭. 一种改进的ML-KNN多标记分类方法研究[D]. 电子科技大学, 2017.

[55] 乔亚琴, 马盈仓, 陈红, 等. 构造样本k近邻数据的多标签分类算法[J]. 计算机工程与应用, 2018, 54（06）: 135-142.

[56] 徐晓丹, 姚明海, 刘华文, 等. 基于kNN的多标签分类预处理方法[J]. 计算机科学, 2015, 42（05）: 106-108+131.

[57] 陆凯, 徐华. 基于最近邻距离权重的ML-KNN算法[J/OL]. 计算机应用研究: 1-5.

[58] Spyromitros E, Tsoumakas G, Vlahavas I. An Empirical Study of Lazy Multilabel Classification Algorithms[C]. Hellenic Conference on Artificial Intelligence. Springer, Berlin, Heidelberg, 2008.

[59] McCallum. Multi-label text classification with a mixture model trained by EM[C]. In Working Notes of the AAAI'99 Workshop on Text Learning, pages 17-26, 1999.

[60] Ueda N, Saito K. Parametric mixture models for multi-labeled text[C]// Advances in Neural Information Processing Systems 15 [Neural Information Processing Systems, NIPS 2002, December 9-14, 2002, Vancouver, British Columbia, Canada]. MIT Press, 2002.

[61] Zhang M L, José M P, Robles V. Feature selection for multi-label naive Bayes classification[J]. Information Sciences, 2009, 179(19):3218-3229.

[62] Andre E, Jason W. A kernel method for multi-labelled classification[C].//NIPS'01: Proceedings of the 14th International Conference on Neural Information Processing Systems: Natural and Synthetic.20.1:681-687.

[63] Godbole S, Sarawagi S. Discriminative methods for multi-labeled classification[M].

Berlin: Advances in Knowledge Discovery and Data Mining, 2004.

[64] Zhang M L, Zhou Z H. Multilabel neural networks with applications to functional genomics and text categorization[J]. IEEE Transactions on Knowledge and Data Engineering, 2006, 18(10):1338-1351.

[65] Rafał G, Jacek M, Wang L. Improved multilabel classification with neural networks[J]. 2008.

[66] Nam J, Kim J, Mencía, et al. Large-scale multi-label text classification - revisiting neural networks[J]. 2013.

[67] Mark J B. Large scale multi-label text classification with semantic word vectors[DB/OL].http://web.stanford.edu/class/cs224d/reports/BergerMark.pdf.

[68] Kurata G, Xiang B, Zhou B. Improved neural network-based multi-label classification with better initialization leveraging label co-occurrence[C]. Proceeding of The 15th Annual Conference of the North American Chapter of Association for Computational Linguistics. 2016:521-526.

[69] Chen G, Ye D, Xing Z, et al. Ensemble application of convolutional and recurrent neural networks for multi-label text categorization[C]. 2017 International Joint Conference on Neural Networks (IJCNN). IEEE, 2017.

[70] Schapire R E, Singer Y. BoosTexter: a boosting-based system for text categorization[J]. Machine Learning, 2000, 39(2-3):135-168.

[71] Françesco D C, Rémi G, Tommasi M . Learning multi-label alternating decision trees from texts and data[C]. Proceedings of the 3rd international conference on Machine learning and data mining in pattern recognition. Springer-Verlag, 2003.

[72] Wang P, Domeniconi C. Building semantic kernels for text classification using wikipedia[C]. Proceedings of the 14th ACM SIGKDD International Conference on Knowledge Discovery and Data Mining, Las Vegas, USA, 2008: 713-721.

[73] Bawakid A, Oussalah M. Centroid-based classification enhanced with wikipedia[C]. Proceedings of the 2010 International Conference on Machine Learning and Applications, Fairfax, USA, 2010: 65-70.

[74] 李纯，乔保军，曹元大，等. 基于语义分析的词汇倾向识别研究[J]. 模式识别与人工智能，2008，21（4）：482-487.

[75] 郭永辉. 面向短文本分类的特征扩展方法[D]. 哈尔滨：哈尔滨工业大学，2013.

[76] 孟欣，左万利. 基于 word embedding 的短文本特征扩展与分类[J]. 小型微型计算机系统，2017，38（8）：1712-1717.

[77] 臧艳辉，赵雪章，席运江. Spark 框架下利用分布式 NBC 的大数据文本分类算法[J]. 计算机应用研究，2018，36（12）.

[78] 刘鹏，藤家雨，张国鹏，等. 基于 Spark 的大规模文本 k-Means 并行聚类算法[J]. 中文信息学报，2017，31（4）：145-152.

[79] 郭剑飞. 基于 LDA 多模型中文短文本主题分类体系构建与分类[D]. 哈尔滨：哈尔滨工业大学，2014.